上海市工程建设规范

混凝土模卡砌块应用技术标准

Technical standard for application of concrete Moka block

DG/TJ 08－2087－2019
J 11915－2019

主编单位:上海市房屋建筑设计院有限公司
批准部门:上海市住房和城乡建设管理委员会
施行日期:2019 年 8 月 1 日

同济大学出版社

2019 上海

图书在版编目(CIP)数据

混凝土模卡砌块应用技术标准/上海市房屋建筑设计院有限公司主编.--上海:同济大学出版社,2019.7

ISBN 978-7-5608-8587-2

Ⅰ.①混… Ⅱ.①上… Ⅲ.①混凝土模板—砌块—标准—上海 Ⅳ.①TU522.3-65

中国版本图书馆 CIP 数据核字(2019)第 123646 号

混凝土模卡砌块应用技术标准

上海市房屋建筑设计院有限公司 主编

策划编辑 张平官

责任编辑 朱 勇

责任校对 徐春莲

封面设计 陈益平

出版发行 同济大学出版社 www.tongjipress.com.cn

(地址:上海市四平路 1239 号 邮编:200092 电话:021—65985622)

经 销 全国各地新华书店

印 刷 浦江求真印务有限公司

开 本 889mm×1194mm 1/32

印 张 4.25

字 数 114000

版 次 2019 年 7 月第 1 版 2019 年 7 月第 1 次印刷

书 号 ISBN 978-7-5608-8587-2

定 价 40.00 元

上海市住房和城乡建设管理委员会文件

沪建标定〔2019〕276 号

上海市住房和城乡建设管理委员会
关于批准《混凝土模卡砌块应用技术标准》
为上海市工程建设规范的通知

各有关单位：

由上海市房屋建筑设计院有限公司主编的《混凝土模卡砌块应用技术标准》，经我委审核，现批准为上海市工程建设规范，统一编号为 DG/TJ 08－2087－2019，自 2019 年 8 月 1 日起实施。原《混凝土模卡砌块应用技术规程》(DG/TJ 08－2087－2011)同时废止。

本规范由上海市住房和城乡建设管理委员会负责管理，上海市房屋建筑设计院有限公司负责解释。

特此通知。

上海市住房和城乡建设管理委员会

二〇一九年五月八日

前　言

为全面贯彻国家节约能源、保护环境的可持续发展战略，进一步推动上海市墙体材料改革朝着节能、环保、高效的方向发展，上海市房屋建筑设计院有限公司根据上海市城乡建设和管理委员会《关于印发〈2016 年上海市工程建设规范编制计划〉的通知》（沪建管〔2015〕871 号）要求，开展对《混凝土模卡砌块应用技术规程》DG/TJ 08－2087－2011 修订工作。在本次修订工作中，对普通模卡砌块和保温模卡砌块的应用进行了深入调查研究，分析研究总结了模卡砌块在工程中应用成功的经验，提出了进一步改进措施。编制组通过大量试验，获得可靠技术数据，并参考了国内外保温砌体的先进经验，征求了有关专家和单位意见，经过了反复讨论、修改充实，最后经审查定稿。

本标准主要内容包括：总则；术语和符号；材料；设计；施工；验收；模卡砌块预制墙；附录 A～附录 C。

本次修订主要内容如下：

1．增补混凝土保温模卡砌块的块型及相关的物理、力学指标。

2．调整、增补混凝土保温模卡砌块砌体的建筑构造做法。

3．参照国家、地方现行规范（如抗震规范、砌块规范等）的调整。

4．施工验收部分根据实际施工及验收经验，参照相应规范调整。

5．增补配筋混凝土模卡砌块有关章节。

6．增补混凝土模卡砌块装配墙体设计原则、构造处理及制作施工验收要点。

在执行本标准过程中，请各单位及相关人员结合应用实践，认真总结经验，并将意见或建议反馈至上海市房屋建筑设计院有限公司（地址：上海市大渡河路658号8号楼总工程师室；邮编：200062；E-mail：sfsj@sfsjy.com），或上海市建筑建材业市场管理总站（地址：上海市小木桥路683号；邮编：200032；E-mail：bzglk@shjjw.gov.cn），以供今后修订时参考。

主 编 单 位：上海市房屋建筑设计院有限公司

参 编 单 位：同济大学

南通华新建工集团有限公司

上海市松江区建筑建材业管理中心

上海市闵行区建筑建材业管理所

上海模卡建筑工程科技发展有限公司

苏州模卡新材料科技有限公司

上海钟宏科技发展有限公司

主要起草人：顾陆忠 王 新 姜晓红 程才渊 吕厚俊 干敏捷 张秀俊 陈丰华 钱忠勤 刘 明 向 伟 王成毅 张学敏 朱琦梁

主要审查人：王宝海 栗 新 王正平 朱永明 刘 涛 周海波 施丁平

上海市建筑建材业市场管理总站

2019年3月

目　次

Contents

1 总 则

1.0.1 为节约能源,保护土地资源,规范混凝土模卡砌块及其装配式预制墙体的应用,满足绿色环保要求,保证工程质量,制定本标准。

1.0.2 本标准适用于采用混凝土模卡砌块砌体作为墙体的一般工业及民用建筑的设计、施工和验收。

1.0.3 混凝土模卡砌块砌体建筑的设计、施工及工程质量验收除应执行本标准外,尚应符合国家、行业和本市现行有关标准的规定。

2 术语和符号

2.1 术 语

2.1.1 混凝土模卡砌块 concrete Moka block

以水泥、集料为主要原材料，经加水搅拌、机械振动加压成型并养护，且块体外壁设有卡口，内设有垂直孔洞，上下面有水平凹槽的砌块，简称模卡砌块。根据功能和用途不同，可分为混凝土普通模卡砌块、混凝土保温模卡砌块、配筋砌体用混凝土普通模卡砌块、配筋砌体用混凝土保温模卡砌块。

2.1.2 混凝土普通模卡砌块 concrete ordinary Moka block

在其孔洞中不加入绝热材料的混凝土模卡砌块，简称普通模卡砌块。

2.1.3 混凝土保温模卡砌块 concrete thermal self-insulation Moka block

混凝土模卡砌块孔洞中嵌入绝热材料，使砌块具有保温功能的混凝土模卡砌块，简称保温模卡砌块。

2.1.4 配筋砌体用混凝土普通模卡砌块 concrete ordinary Moka block for reinforced masonry

用于配筋砌体，且孔洞中不加入绝热材料的混凝土模卡砌块，简称配筋普通模卡砌块。

2.1.5 配筋砌体用混凝土保温模卡砌块 thermal self-insulation Moka block for reinforced masonry

用于配筋砌体，且孔洞中嵌入绝热材料，使其具有保温功能的混凝土模卡砌块，简称配筋保温模卡砌块。

2.1.6 混凝土模卡砌块灌孔浆料 grout for concrete Moka masonry

由水泥、细集料、矿物掺和料、外加剂等预拌干混料，按级配经现场加水机械拌和而成，专门用于灌筑混凝土模卡砌块的灌孔材料，简称灌孔浆料。

2.1.7 混凝土模卡砌块灌孔混凝土 concrete for concrete Moka masonry

由水泥、集料、水以及根据需要掺入的掺和料和外加剂等组成，按一定比例，采用机械搅拌后，用于浇注混凝土模卡砌块砌体芯柱或其他需要填实部位孔洞的混凝土，简称灌孔混凝土。

2.1.8 保温模卡砌块自保温系统 self-insulation system of concrete thermal self-insulation Moka black

建筑外墙部分以保温模卡砌块砌体或配筋保温模卡砌块砌体为墙体材料，在热桥部位采用附加保温或主墙体辅助保温措施后构成的能满足外墙节能要求的保温系统。

2.1.9 附加保温 additional insulation

对保温模卡砌块砌体、配筋保温模卡砌块砌体外墙的结构性热桥部位采取补充保温方式。

2.1.10 辅助保温 auxiliary insulation

当建筑物保温有特殊要求时，在保温模卡砌块砌体、配筋保温模卡砌块砌体外墙的一侧或两侧采用其他保温材料实施补充保温方式。

2.1.11 模卡砌块强度等级 strength classes of Moka block

根据模卡砌块标准试件的抗压强度平均值，与最小值综合评定所划分的强度级别。

2.1.12 灌孔浆料强度等级 strength classes of grout

根据灌孔浆料标准试件的抗压强度平均值所划分的强度级别。

2.1.13 砌体拉结钢筋 steel tie bar for masonry

为了增强砌体结构的整体性，在砌体纵横墙交接处和沿墙高每间隔一定距离水平凹槽内设置的钢筋。

2.1.14 混凝土构造柱 structural concrete column

在多层混凝土模卡砌块建筑墙体的规定部位，按构造配筋，并按先砌墙后浇灌混凝土柱的施工顺序现浇的混凝土柱，简称构造柱。混凝土模卡砌块砌体不设马牙槎，通过注入砌块水平凹口的混凝土与构造柱咬接。

2.1.15 施工质量控制等级 control grade of construction quality

按质量控制和质量保证体系、灌孔浆料和混凝土的强度、砌筑工人技术等级综合水平划分的砌体施工质量控制级别。

2.1.16 芯柱 core column

按设计要求，在对孔砌筑砌体的竖向孔洞内配置钢筋并浇灌混凝土形成的柱，称钢筋混凝土芯柱，简称芯柱。

2.1.17 混凝土模卡砌块预制墙 concrete Moka block precise wall

采用混凝土模卡砌块，在工厂预制的墙片，并在工程中通过拼装而成墙体，简称预制墙。

2.2 符 号

2.2.1 材料性能

MU——模卡砌块强度等级；

Mb——灌孔浆料强度等级；

C——混凝土强度等级；

Cb——模卡砌块灌孔混凝土强度等级；

f，f_k——砌体的抗压强度设计值、标准值；

f_g——混凝土灌孔砌体的抗压强度设计值；

f_v，$f_{v,k}$——砌体的抗剪强度设计值、标准值；

f_{VE}——砌体沿阶梯形截面破坏的抗震抗剪强度设计值；

f_c——混凝土轴心抗压强度设计值；

E_C——混凝土的弹性模量；

E——砌体的弹性模量；

G——砌体的剪变模量。

2.2.2 作用和作用效应

N——轴向力设计值；

N_l——局部受压面积上的轴向力设计值、梁端支承压力；

N_0——上部轴向力设计值；

V——剪力设计值；

σ_0——水平截面平均压应力。

2.2.3 几何参数

A——截面面积；

A_b——垫块面积；

A_c——混凝土构造柱的截面面积；

A_l——局部受压面积；

A_n——墙体净截面面积；

A_0——影响局部抗压强度的计算面积；

a——边长、梁端实际支承长度、距离；

a_i——洞口边至墙梁最近支座中心的距离；

a_0——梁端有效支承长度；

b——截面宽度、边长；

b_c——混凝土构造柱沿墙长方向的宽度；

b_s——在相邻横墙、窗间墙之间或壁柱间的距离范围内的门窗洞口宽度；

c,d——距离；

e——轴向力的偏心距；

H——墙体高度、构件高度；

H_i——层高；

H_0——构件的计算高度、墙梁跨中截面的计算高度；

h——墙厚、矩形截面较小边长、矩形截面和轴向力偏心方向的边长、截面高度；

h_0——截面有效高度、垫梁折算高度；

l——构造柱的间距；

l_0——梁的计算跨度；

l_n——梁的净跨度；

ω——沿楼层高均布风荷载设计值；

I——截面惯性矩；

i——截面的回转半径；

s——间距、截面面积矩；

W——截面抵抗矩；

y——截面重心到轴向力所在偏心方向截面边缘的距离。

2.2.4 计算系数

β——构件的高厚比；

$[\beta]$——墙的允许高厚比；

γ——砌体局部抗压强度提高系数、系数；

γ_a——调整系数；

γ_f——结构构件材料性能分项系数；

γ_0——结构重要性系数；

γ_{RE}——承载力抗震调整系数；

δ——模卡砌块的孔洞率、系数；

μ_1——自承重墙允许高厚比的修正系数；

μ_2——有门窗洞口墙允许高厚比的修正系数；

φ——高厚比 β 和轴向力的偏心距 e 对受压构件承载力的影响系数。

3 材 料

3.1 材料强度等级

3.1.1 普通模卡砌块和保温模卡砌块的抗压强度等级分为:MU5,MU7.5,MU10。配筋普通模卡砌块和配筋保温模卡砌块的抗压强度等级分为:MU10,MU15,MU20。

3.1.2 灌孔浆料强度等级应采用 Mb10,Mb7.5,Mb5。

3.1.3 灌孔混凝土强度等级不应小于 Cb20。灌孔混凝土坍落度应大于 200mm,骨料最大颗粒不应大于 16mm。

3.1.4 模卡砌块砌体内的构造柱、圈梁和水平系梁等混凝土构件,混凝土强度等级不应小于 C20。

3.1.5 模卡砌块砌体选用的钢筋应符合现行国家标准《混凝土结构设计规范》GB 50010 的规定,预制构件的吊环应采用未经冷加工的 HPB300 级钢筋或 Q235B 圆钢制作。吊装用内埋式螺母或吊杆的材料应符合国家现行相关标准的规定。

注:保温模卡砌块中的保温材料燃烧性能等级不应低于现行国家标准《建筑材料及制品燃烧性能分级》GB 8624 中 B_1 级的要求,采用其他保温材料应符合相关标准的要求。

3.2 砌体计算指标

3.2.1 普通模卡砌块主规格尺寸应为 400mm×200mm×150mm;保温模卡砌块主规格尺寸应为 400mm×225mm×150mm,400mm×240mm×150mm。当施工质量控制等级为 B 级时,龄期为 28d 的以毛截面计算模卡砌体抗压强度设计值按下列规定采用:

1　用灌孔浆料灌筑的模卡砌块砌体抗压强度设计值应按表3.2.1规定采用。

表 3.2.1　模卡砌块灌浆砌体抗压强度设计值(MPa)

砌体强度等级		灌孔浆料强度等级			
		Mb10	Mb7.5	Mb5	Mb0
普通模卡砌块砌体	MU10	3.99	3.27	3.06	1.52
	MU7.5	—	2.70	2.34	1.17
	MU5	—	—	1.87	0.82
保温模卡砌块砌体	MU10	2.74	2.25	2.10	1.31
	MU7.5	—	1.86	1.61	1.01
	MU5	—	—	1.23	0.70

注:灌孔浆料未硬化的新筑砌体可按灌孔浆料强度为零,确定其砌体抗压强度设计值。

2　普通模卡砌块混凝土灌筑砌体的抗压强度设计值 f_g 应按下式计算:

$$f_g = f + 0.6\delta f_c \quad (3.2.1)$$

式中:f_g——混凝土灌筑砌体的抗压强度设计值,其值不应大于相同强度等级砌块灌浆砌体最高抗压强度设计值的2倍;

f——灌孔浆料强度等级 Mb0 砌体的抗压强度设计值,按表3.2.1取用;

f_c——灌孔混凝土的轴心抗压强度设计值;

δ——模卡砌块的孔洞率。

模卡砌块砌体的灌孔混凝土强度等级不应低于Cb20。

3　保温模卡砌块灌孔混凝土砌体的抗压强度设计值 f_g 取相同强度等级砌块灌浆砌体最高抗压强度设计值。

3.2.2　当施工质量控制等级为B级时,龄期为28d的以毛截面计算模卡砌体抗剪强度设计值,按表3.2.2规定采用。

表 3.2.2　模卡砌块灌浆砌体抗剪强度设计值(MPa)

抗剪强度(MPa)	破坏特征	灌孔浆料强度等级		
		Mb10	Mb7.5	Mb5
普通模卡砌块砌体	沿通缝或阶梯形缝	0.47	0.34	0.25
保温模卡砌块砌体	沿通缝或阶梯形缝	0.38	0.27	0.20

注:当模卡砌块采用 Cb20 及以上等级混凝土灌孔时,普通模卡砌体抗剪强度设计值为 0.47MPa,保温模卡砌体抗剪强度设计值为 0.38MPa。

3.2.3　砌体强度设计值在具有下列情况时应乘以调整系数 γ_a:

1　梁跨度不小于 7.5m 的梁下承重墙体,γ_a 为 0.9。

2　砌体构件其截面面积小于 0.3m^2 时,γ_a 为其截面面积加 0.7。但局部受压时不宜调整。构件截面面积以平方米计。

3　当施工质量控制等级为 C 级时,γ_a 为 0.89。

4　当验算房屋构件施工状态时,γ_a 为 1.1。

3.2.4　普通模卡砌块砌体的弹性模量按 2 000f 采用,保温模卡砌块砌体的弹性模量按 1 600f 采用,砌体的剪变模量按砌体弹性模量的 0.4 倍采用。

3.2.5　砌体的线膨胀系数可按 10×10^{-6}/℃采用。普通模卡砌块收缩值可按 0.4mm/m 采用,保温模卡砌块可按 0.38mm/m 采用。

3.2.6　砌体的摩擦系数可按表 3.2.6 选用。

表 3.2.6　砌体的摩擦系数

材料类别	摩擦面情况	
	干燥的	潮湿的
砌体沿砌体或混凝土滑动	0.70	0.60
砌体沿木材滑动	0.60	0.50
砌体沿钢滑动	0.45	0.35
砌体沿砂或卵石滑动	0.60	0.50
砌体沿粉土滑动	0.55	0.40
砌体沿黏性土滑动	0.50	0.30

3.2.7 普通模卡砌块干表观密度 1200kg/m³,保温模卡砌块干表观密度 910kg/m³～1100kg/m³。灌孔后普通模卡砌块砌体干表观密度不应大于 1900kg/m³,保温模卡砌块砌体干表观密度不应大于 1360kg/m³。

3.2.8 模卡砌块体主要热工性能指标应符合表 3.2.8 的规定。

表 3.2.8 材料热工性能

砌块类型	当量导热系数 [W/(m·K)]	热阻值 [(m²·K)/W]	蓄热系数 [W/(m²·K)]	热惰性指标 $D=R\cdot S$
普通模卡砌块砌体(200mm)	0.936	0.240	10.50	2.52
保温模卡砌块砌体(225mm,内插 30mm 厚保温板)	0.221	1.018	4.05	4.12
保温模卡砌块砌体(225mm,中间孔插 40mm 厚保温板)	0.196	1.148	3.62	4.16
保温模卡砌块砌体(240mm,内插 45 厚保温板)	0.162	1.481	3.24	4.80

注:砌块内插保温材料的导热系数为 0.039 W/(m·K)。

3.2.9 普通模卡砌块砌体、保温模卡砌块砌体空气声计权隔声量≥50dB。

3.2.10 模卡砌块灌浆砌体的燃烧性能和耐火极限应符合表 3.2.10的规定。

表 3.2.10 模卡砌块灌浆砌体的燃烧性能和耐火极限

模卡砌块灌浆砌体厚度(mm)	耐火极限(h)	燃烧性能
120mm 厚普通模卡砌块砌体	2	不燃性
200mm 厚普通模卡砌块砌体	4	不燃性
225mm、240mm 厚保温模卡砌块砌体	4	不燃性

注:模卡砌块灌浆砌体的燃烧性能等级均为 A 级。

4 设 计

4.1 一般规定

4.1.1 模卡砌块砌体结构的设计原则应按现行国家标准《砌体结构设计规范》GB 50003 的规定执行。

4.1.2 模卡砌块砌体结构房屋的静力计算应按下列规定执行：

1 多层模卡砌块砌体房屋的静力计算，应采用刚性方案。设计时，横墙间距 S 应符合表 4.1.2 的规定。单层模卡砌块砌体房屋的静力计算，根据房屋的空间工作性能可分为刚性方案、刚弹性方案和弹性方案。设计时应按现行国家标准《砌体结构设计规范》GB 50003 中第 4.2 节房屋的静力计算规定执行。

表 4.1.2 刚性方案横墙最大间距(S)

屋盖或楼盖类别		刚性方案	刚弹性方案	弹性方案
1	整体式、装配整体和装配式无檩体系钢筋混凝土屋盖或钢筋混凝土楼盖	$S<32$	$32\leqslant S\leqslant 72$	$S>72$
2	装配式有檩体系钢筋混凝土屋盖、轻钢屋盖和有密铺望板的木屋盖或木楼盖	$S<20$	$20\leqslant S\leqslant 48$	$S>48$
3	瓦材屋面的木屋盖和轻钢屋盖	$S<16$	$16\leqslant S\leqslant 36$	$S>36$

注：表中 S 为房屋横墙间距，其长度单位为 m。

2 刚性和刚弹性方案房屋的横墙应符合下列规定：

1）横墙中开有洞口时，洞口的水平截面面积不应超过横墙截面面积的 50%。

2）横墙的厚度不宜小于 200mm。

3）单层房屋的横墙长度不宜小于其高度，多层房屋的横墙

长度不宜小于 $H/2$(H 为横墙总高度)。

3 当横墙不能同时符合本条第 2 款要求时,应对横墙的刚度进行验算。当其最大水平位移值 $u_{max} \leqslant H/4\,000$ 时,仍可视作刚性或刚弹性方案房屋的横墙;符合此刚度要求的其他结构构件(如框架等),也可视作刚性或刚弹性方案房屋的横墙。

4 刚性方案房屋的静力计算,可按下列规定进行:

1) 单层房屋:在荷载作用下,墙、柱可视为上端为不动铰支承屋盖,下端嵌固于基础的竖向构件。

2) 多层房屋:在竖向荷载作用下,墙、柱在每层高度范围内,可近似地视作两端铰支的竖向构件;在水平荷载作用下,墙、柱可视作竖向连续梁。

3) 对本层的竖向荷载,应考虑对墙、柱的实际偏心影响。当梁支承于墙上时,梁端支承压力 N_l 到墙内边的距离,应取梁端有效支承长度 a_0 的 0.4 倍(图 4.1.2)。由上面楼层传来的荷载 N_u,可视作作用于上一楼层的墙、柱的截面重心处。

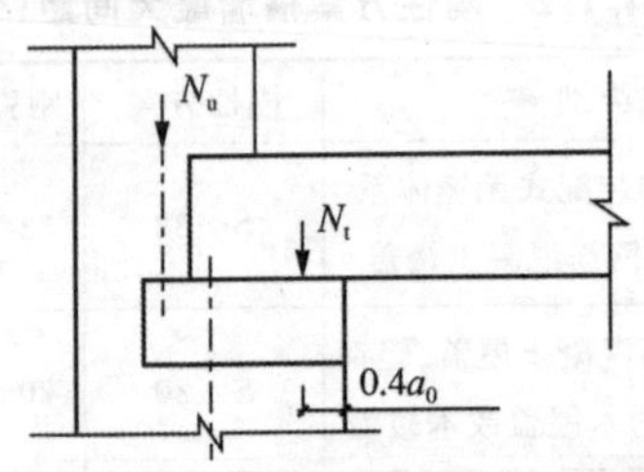

图 4.1.2 梁端支承压力位置

4) 对于梁跨度大于 9m 的墙承重的多层房屋,除按上述方法计算墙体承载力外,宜再按梁两端固结计算梁端弯矩,再将其乘以修正系数 γ 后,按墙体线性刚度分到上层墙底部和下层墙顶部,修正系数 γ 可按下式计算:

$$\gamma = 0.2\sqrt{\frac{a}{h}} \tag{4.1.2-1}$$

式中：a——梁端实际支承长度；

h——支承墙体的墙厚，当上下墙厚不同时取下部墙厚，保温模卡砌块砌体支承墙体的墙厚按实际支承墙体墙厚的 0.8 倍采用。

5 当刚性方案多层房屋的外墙符合下列要求时，静力计算可不考虑风荷载的影响：

1) 洞口水平截面面积不超过全截面面积的 2/3。

2) 屋面自重不小于 $0.8kN/m^2$。

3) 外墙厚不小于 200mm，层高不大于 2.8m，总高不大于 19.6m，基本风压不大于 $0.7kN/m^2$。

当必须考虑风荷载时，风荷载引起的弯矩 M，可按下式计算：

$$M=\omega H_i^2/12 \tag{4.1.2-2}$$

式中：ω——沿楼层高均布风荷载设计值（kN/m）；

H_i——层高（m）。

6 当转角墙段角部受竖向集中荷载时，计算截面的长度可从角点算起，每侧宜取层高的 1/3。当上述墙体范围内有门窗洞口时，则计算截面取至洞边，但不宜大于层高的 1/3。当上层的竖向集中荷载传至本层时，可按均布荷载计算，此时转角墙段可按角形截面偏心受压构件进行承载力验算。

4.1.3 模卡砌块砌体结构的耐久性设计应按下列规定执行：

1 模卡砌块砌体结构的耐久性应根据表 4.1.3-1 的环境类别和设计使用年限进行设计。

表 4.1.3-1 模卡砌体结构的环境类别

环境类别	条件
1	正常居住及办公建筑的内部干燥环境
2	潮湿的室内或室外环境，包括与无侵蚀性土和水接触的环境
3	与海水直接接触的环境，或处于滨海地区的盐饱和的气体环境
4	有化学侵蚀的气体、液体或固态形式的环境，包括有侵蚀性土壤的环境

2 当设计使用年限为50年时，砌体中钢筋的耐久性选择应符合表4.1.3-2的规定。

表4.1.3-2 砌体中钢筋耐久性选择

环境类别	钢筋种类和最低保护要求	
	位于灌孔浆料或砂浆中的钢筋	位于灌孔混凝土中的钢筋
1	普通钢筋	普通钢筋
2	重镀锌或有等效保护的钢筋	当采用混凝土灌孔时，可为普通钢筋；当采用灌孔浆料灌孔时应为重镀锌或有等效保护的钢筋
3和4	不锈钢或等效保护的钢筋	不锈钢或等效保护的钢筋

注：表中的钢筋即为现行国家标准《混凝土结构设计规范》GB 50010等标准规定的普通钢筋或非预应力钢筋。

3 设计使用年限为50年时，模卡砌体中钢筋保护层厚度应符合下列规定：

1）配筋模卡砌体中钢筋的最小混凝土保护层应符合现行国家标准《砌体结构设计规范》GB 50003的要求。

2）所有钢筋端部均应有与对应钢筋的环境类别条件相同的保护层厚度。

3）对灌实的模卡砌块砌体，钢筋的最小保护层厚度应取20mm与钢筋直径较大者。

4.2 砌体构件

4.2.1 模卡砌块砌体受压构件的计算应按下列规定：

1 受压构件的承载力应按下式计算：

$$N \leqslant \varphi f A \tag{4.2.1}$$

式中：N——轴向力设计值。

φ——高厚比β和轴向力的偏心距e对受压构件承载力的

影响系数，可按本标准附录A的规定采用，β应按本标准第4.3.1条计算结果乘以影响系数1.1取值；保温模卡砌块砌体应按附录A的规定乘以0.9取值。

f——砌体抗压强度设计值，应按本标准第3.2.1条采用；

A——截面面积，应按毛截面计算。

2 受压构件的计算高度H_0应按表4.2.1采用。表中的构件高度H应按下列规定采用：

1）在房屋底层，为楼板顶面到构件下端支点的距离。下端支点的位置，可取在基础顶面。当埋置较深且有刚性地坪时，可取室外地面下500mm处。

2）在房屋其他层次，为楼板或其他水平支点间的距离。

3）对于山墙，可取层高加山墙尖高度的1/2。

表4.2.1 受压构件的计算高度H_0

多层和无吊车的单层房屋		周边拉结的墙		
		$S>2H$	$2H \geqslant S>H$	$S \leqslant H$
刚性方案		$1.0H$	$0.4S+0.20H$	$0.60S$
多跨	刚弹性方案	$1.1H$		
	弹性方案	$1.25H$		
单跨	刚弹性方案	$1.2H$		
	弹性方案	$1.5H$		

注：对于上端为自由端构件，$H_0=2H$；S为房屋横墙间距；自承重墙的计算高度应根据周边支承或拉接条件确定。

3 轴向力的偏心距e按内力设计值计算，并不应超过$0.6y$。y为截面重心到轴向力所在偏心方向截面边缘的距离。

4 当模卡砌块砌体中采用灌孔混凝土代替灌孔浆料时，砌体抗压强度设计值用f_g代替f，f_g的取值按本标准第3.2.1条采用。

4.2.2 模卡砌块砌体局部受压构件的计算应按符合下列规定：

1 砌体截面中受局部均匀压力时的承载力应按下式计算：

$$N_l \leqslant \gamma f A_l \tag{4.2.2-1}$$

式中：N_l——局部受压面积上的轴向力设计值；

γ——砌体局部抗压强度提高系数，对保温模卡砌块砌体取1.0；

f——砌体的抗压强度设计值，应按本标准第3.2.1条采用，可不考虑强度调整系数γ_a的影响；

A_l——局部受压面积。

2 普通模卡砌块砌体局部抗压强度提高系数γ应符合下列规定：

γ可按下式计算：

$$\gamma = 1 + 0.35\sqrt{\frac{A_0}{A_l} - 1} \tag{4.2.2-2}$$

式中：A_0——影响砌体局部抗压强度的计算面积。计算所得的γ值，尚应符合$\gamma \leqslant 1.25$。

3 影响砌体局部抗压强度的计算面积，可按下列规定采用：

1）在图4.2.2-1(a)的情况下，$A_0 = (a + c + h)h$。

2）在图4.2.2-1(b)的情况下，$A_0 = (b + 2h)h$。

3）在图4.2.2-1(c)的情况下，$A_0 = (a + h)h + (b + h_1 - h)h_1$。

4）在图4.2.2-1(d)的情况下，$A_0 = (a + h)h$。

式中：a，b——矩形局部受压面积A_l的边长；

h，h_1——墙厚；

c——矩形局部受压面积的外边缘至构件边缘的较小距离，当大于h时，应取为h。

4 梁端支承处砌体的局部受压承载力应按下列公式计算：

$$\psi N_0 + N_l \leqslant \eta \gamma f A_l \tag{4.2.2-3}$$

$$\psi = 1.5 - 0.5\frac{A_0}{A_l} \tag{4.2.2-4}$$

$$N_0 = \sigma_0 A_l \tag{4.2.2-5}$$

$$A_l = a_0 b \tag{4.2.2-6}$$

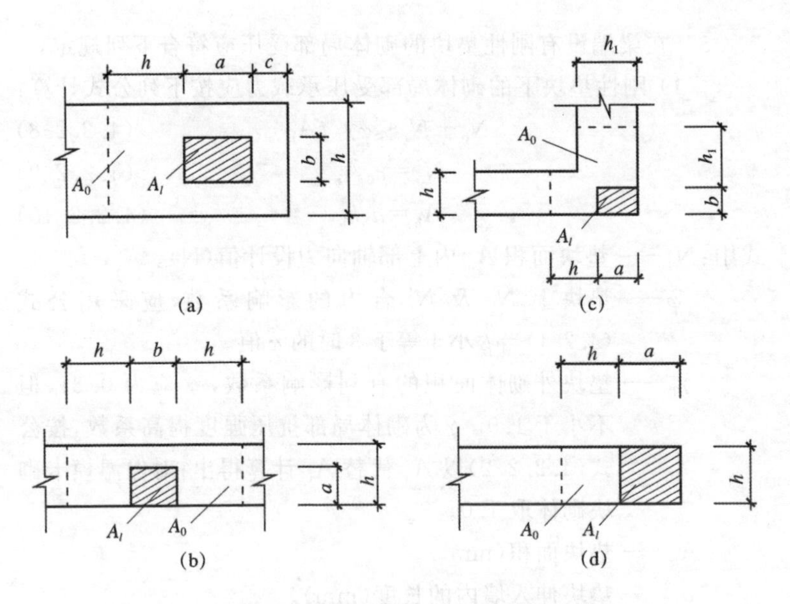

图 4.2.2-1　影响局部抗压强度的面积 A_0

$$a_0 = 10\sqrt{\frac{h_c}{f}} \qquad (4.2.2\text{-}7)$$

式中：ψ——上部荷载的折减系数，当 A_0/A_l 大于等于 3 时，ψ 应取 0，对保温模卡砌块砌体取 1.0；

N_0——局部受压面积内上部轴向力设计值(N)；

N_l——梁端支承压力设计值(N)；

σ_0——上部平均压应力设计值(N/mm^2)；

η——梁端底面压应力图形的完整系数可取 0.7，对于过梁和墙梁可取 1.0；

a_0——梁端有效支承长度(mm)，当 a_0 大于 a 时，应取为 a；

a——梁端实际支承长度(mm)；

b——梁的截面宽度(mm)；

h_c——梁的截面高度(mm)；

f——砌体的抗压强度设计值(MPa)。

5 在梁端设有刚性垫块的砌体局部受压应符合下列规定：

1）刚性垫块下的砌体局部受压承载力应按下列公式计算：

$$N_0+N_l\leqslant\varphi\gamma_1 fA_b \quad (4.2.2\text{-}8)$$

$$N_0=\sigma_0 A_b \quad (4.2.2\text{-}9)$$

$$A_b=a_b b_b \quad (4.2.2\text{-}10)$$

式中：N_0——垫块面积 A_b 内上部轴向力设计值(N)。

φ——垫块上 N_0 及 N_l 合力的影响系数，应采用公式(4.2.1)当 β 小于等于 3 时的 φ 值。

γ_1——垫块外砌体面积的有利影响系数，γ 应为 0.8γ，但不小于 1.0。γ 为砌体局部抗压强度提高系数，按公式(4.2.2-2)以 A_b 代替 A_1 计算得出；对保温模卡砌块砌体取 1.0。

A_b——垫块面积(mm^2)。

a_b——垫块伸入墙内的长度(mm)。

b_b——垫块的宽度(mm)。

2）刚性垫块的高度不应小于 180mm，自梁边算起的垫块挑出长度不应大于垫块高度 t_b。

3）梁端设有刚性垫块时，梁端有效支承长度 a_0 应按下式确定：

$$a_0=\delta_1\sqrt{\frac{h_c}{f}} \quad (4.2.2\text{-}11)$$

式中：δ_1——刚性垫块的影响系数，可按表 4.2.2 采用。

垫块上 N_l 作用点的位置可取 $0.4a_0$。

表 4.2.2 系数 δ_1 值

δ_0/f	0	0.2	0.4	0.6	0.8
δ_1	5.4	5.7	6.0	6.9	7.8

注：表中其间的数值可采用插入法求得。

6 梁下设有长度大于 πh_0 的垫梁时，垫梁下的砌体局部受压(图 4.2.2-2)承载力应按下列公式计算：

$$N_0 + N_l \leqslant 2.4\delta_2 f b_b h_0 \tag{4.2.2-12}$$

$$N_0 = \pi b_b h_0 \sigma_0 / 2 \tag{4.2.2-13}$$

$$h_0 = 2\sqrt[3]{\frac{E_b I_b}{E h}} \tag{4.2.2-14}$$

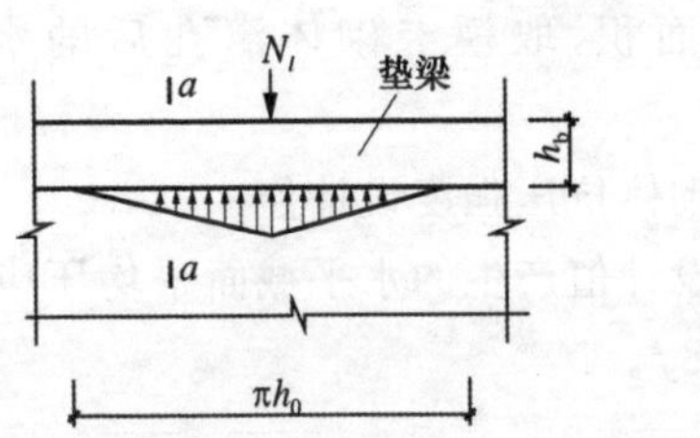

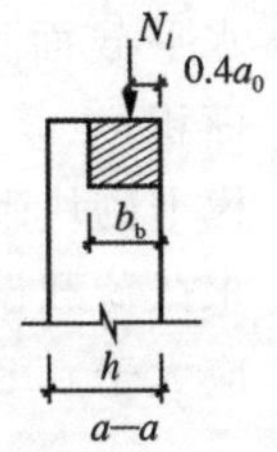

图 4.2.2-2 垫梁局部受压

式中：N_0——垫梁上部轴向力设计值(N)；

b_b——垫梁在墙厚方向的宽度(mm)；

δ_2——垫梁底面压应力分布系数，当荷载沿墙厚方向均匀分布时，δ_2 可取 1.0，不均匀分布时，δ_2 可取 0.8；

h_0——垫梁折算高度(mm)；

E_b，I_b——分别为垫梁的混凝土弹性模量和截面惯性矩；

h_b——垫梁的高度(mm)；

E——砌体的弹性模量；

h——墙厚(mm)。

垫梁上梁端有效支承长度 a_0 可按公式(4.2.2-11)计算。

4.2.3 沿通缝或沿阶梯形截面破坏时受剪构件的承载力应按下列公式计算：

$$V \leqslant (f_v + \alpha\mu\sigma_0)A \tag{4.2.3-1}$$

当 $\gamma_G = 1.2$ 时， $\mu = 0.26 \sim 0.082\sigma_0 / f$ (4.2.3-2)

当 $\gamma_G = 1.35$ 时， $\mu = 0.23 \sim 0.065\sigma_0 / f$ (4.2.3-3)

当 $\alpha\mu\sigma_0 \geqslant 0.2f_v$ 时， $\alpha\mu\sigma_0$ 取 $0.2f_v$。

式中：V——剪力设计值；

f_V——模卡砌体抗剪强度设计值；

α——修正系数，当 $\gamma_G=1.2$ 时取 0.64，当 $\gamma_G=1.35$ 时取 0.66；

μ——剪压复合受力影响系数；

A——水平截面面积，取模卡砌体灌孔后的水平全截面面积；

f——模卡砌块砌体抗压强度设计值；

σ_0——永久荷载设计值产生的水平截面平均压应力，其值不应大于 $0.8f$。

4.3 构造要求

4.3.1 墙的高厚比 β 应按下式验算：

$$\beta=H_0/h\leqslant\mu_1\mu_2[\beta] \tag{4.3.1}$$

式中：H_0——墙的计算高度，应按本标准第 4.2.1 条采用；

h——墙厚；

μ_1——自承重墙允许高厚比的修正系数，应按表 4.3.1-1 采用；

μ_2——有门窗洞口墙允许高厚比的修正系数，应按本标准第 4.3.3 条采用；

$[\beta]$——墙的允许高厚比，应按表 4.3.1-2 采用。

表 4.3.1-1 非承重墙$[\beta]$的修正系数 μ_1

墙厚 h(mm)	200(225)	120
μ_1	1.28	1.44

注：上端为自由端墙的允许高厚比，除按上述规定提高外，尚可提高 30%。

表 4.3.1-2 墙的允许高厚比[β]

灌孔材料强度等级	墙
Mb5	24
≥Mb7.5	26

注:验算施工阶段尚未硬化的新砌模卡砌块砌体高厚比时,允许高厚比对墙取 14。

当与墙连接的相邻两横墙间的距离 $S \leqslant \mu_1 \mu_2 [\beta] h$ 时,墙的高厚比可不受本条限制。

4.3.2 带构造柱墙高厚比验算,应按下列规定进行:

1 当构造柱截面宽度不小于 200mm 时,可按公式(4.3.1)验算带构造柱墙的高厚比,此时公式中 h 取墙厚;当确定墙的计算高度 H_0 时,S 应取相邻横墙间的距离;墙的允许高厚比$[\beta]$可乘以提高系数 μ_c:

$$\mu_c = 1 + b_c / l \tag{4.3.2}$$

式中:b_c——构造柱沿墙长方向的宽度;

l——构造柱的间距。

当 $b_c/l > 0.25$ 时,取 $b_c/l = 0.25$;当 $b_c/l < 0.05$ 时,取 $b_c/l = 0$。

2 按公式(4.3.1)验算构造柱间墙的高厚比,此时 S 应取相邻构造柱间的距离。设有钢筋混凝土圈梁的带构造柱墙,当 $b/s \geqslant 1/30$ 时,圈梁可视作构造柱间墙的不动铰支点(b 为圈梁宽度)。当不满足上述条件且不允许增加圈梁宽度时,可按墙体平面外等刚度原则增加圈梁高度,此时,圈梁仍可视为构造柱间墙的不动铰支点。

3 考虑构造柱有利作用的高厚比验算不适用于施工阶段。

4.3.3 对有门窗洞口的墙,允许高厚比修正系数 μ_2 应按下式计算:

$$\mu_2 = 1 - 0.4 b_s / S \tag{4.3.3}$$

式中:b_s——在宽度 S 范围内门窗洞口总宽度;

S——相邻横墙或构造柱之间的距离。

公式(4.3.3)算得的 μ_2 值小于 0.7 时,应采用 0.7;当洞口高度等于或小于墙高的1/5时，可取μ_2等于1.0。当洞口高度大于或等于墙高的4/5时，可按独立墙段验算高厚比。

4.3.4 模卡砌块砌体除满足强度计算要求外，尚应符合下列要求：

1 室内地面以下或防潮层以下的砌体，使用模卡砌块时，模卡砌块强度等级不得低于MU10，并应采用强度等级大于等于Cb20的混凝土灌实。

2 对于承重砌体结构，模卡砌块砌体的砌块强度等级不应低于MU7.5，其灌孔浆料强度等级不应低于Mb7.5。

3 框架结构填充墙模卡砌块强度等级不应低于MU5，其灌孔浆料强度等级不应低于Mb5。

4 六层及六层以上承重模卡砌块砌体结构房屋的底层，模卡砌块砌体的砌块强度等级不应低于MU10。灌孔浆料强度等级不应低于Mb10。

4.3.5 普通模卡砌块砌体结构中跨度大于6m的屋架和跨度大于4.2m的梁，保温模卡砌块砌体结构中跨度不大于4.8m的梁或屋架，应在支承处砌体上设置混凝土或钢筋混凝土垫块；当墙中设有圈梁时，垫块与圈梁宜浇成整体。

普通模卡砌块砌体结构和保温模卡砌块砌体结构中跨度大于等于4.8m的梁，其支承处均宜加设壁柱或采取其他加强措施。

4.3.6 预制钢筋混凝土板在混凝土圈梁上的支承长度不应小于80mm，板端伸出的钢筋应与圈梁可靠连接，且同时浇筑；预制钢筋混凝土板在墙上的支承长度不应小于100mm，并应按下列方法进行连接：

1 板支承于内墙时，板端钢筋伸出长度不应小于70mm，且与支座处沿墙配置的纵筋绑扎，用强度等级不低于C25的混凝土浇筑成板带。

2 板支承于外墙时，板端钢筋伸出长度不应小于100mm，且与支座处沿墙配置的钢筋绑扎，应用强度等级不低于C25的混凝土浇筑成板带。

3 预制钢筋混凝土板与现浇板对接时,预制板端钢筋应伸入现浇板中进行连接后,再浇筑现浇板。

4.3.7 墙体转角处和纵横墙交接处应沿竖向每隔 450mm 设拉结钢筋,其数量为不少于 2 根 6mm 的钢筋;或采用焊接钢筋网片,埋入长度从墙的转角或交接处算起,每边不小于 700mm。

4.3.8 保温模卡砌块砌体不宜转角搭接灌筑,宜在转角处或横纵墙交接处设混凝土构造柱;普通模卡砌块砌体可在转角处或横纵墙交接处设置芯柱,芯柱不应少于 2 孔,采用 Cb20 灌孔混凝土灌筑,每孔内应配置不少于 1ϕ8 纵向钢筋。

4.3.9 模卡砌块砌体墙与后砌隔墙交接处,应沿墙高每 450mm 在孔槽内设置不少于 2ϕ6 拉接筋,每边伸入长度不应小于 600mm,隔墙接口处 200mm 范围孔内用 Cb20 灌孔混凝土灌实。

4.3.10 山墙顶部模卡砌块砌体宜采用 Cb20 灌孔混凝土灌筑,高度不应小于 450mm。屋面构件应与山墙可靠拉结。

4.3.11 模卡砌块砌体下列部位,如未设圈梁或混凝土垫块,应采用不低于 Cb20 灌孔混凝土将孔洞灌实:

1 搁栅、檩条和钢筋混凝土楼板的支承面下,高度不应小于 150mm 的砌体。

2 屋架、梁等构件的支承面下,高度不应小于 450mm,长度不应小于 600mm 的砌体。

3 挑梁支承面下,距墙中心线每边不应小于 300mm,高度不应小于 600mm 的砌体。

4.3.12 在模卡砌块砌体中留槽洞及埋设管道时,应遵守下列规定:

1 不应在截面长边小于 600mm 的承重墙体内埋设管线。

2 可在模卡砌块砌体的孔槽内埋设管线,门窗的留洞口均应在墙体灌筑时配合进行。避雷线接地可利用构造柱钢筋与接地线连接。

3 不应随意在墙体上开凿沟槽，无法避免时应经设计同意，采取必要的措施或按削弱的截面验算墙体的承载力。

4.3.13 为了防止或减轻房屋在正常使用条件下，由温差和砌体干缩引起的墙体竖向裂缝，应在墙体中设置伸缩缝。伸缩缝应设在因温度和收缩变形可能引起应力集中、砌体产生裂缝可能性最大的地方。伸缩缝的间距可按表4.3.13采用。

表4.3.13 模卡砌块砌体房屋伸缩缝的最大间距(m)

屋盖或楼盖类别		间距
整体式或装配整体式钢筋混凝土结构有保温或隔热层的屋盖楼盖	有保温层或隔热层的屋盖、楼盖	50
	无保温层或隔热层的屋盖	40
装配式无檩体系钢筋混凝土结构	有保温层或隔热层的屋盖、楼盖	60
	无保温层或隔热层的屋盖	50
装配式有檩体系钢筋混凝土结构	有保温层或隔热层的屋盖	75
	无保温层或隔热层的屋盖	60
瓦材屋盖、木屋盖、轻钢屋盖、轻钢屋盖		100

注：1 在钢筋混凝土屋面上挂瓦的屋盖应按钢筋混凝土屋盖采用。

2 墙体的伸缩缝应与结构的其他变形缝相重合，缝宽度应满足各种变形缝的变形要求；在进行立面处理时，必须保证缝隙的变形作用。

4.3.14 房屋顶层，宜根据情况采取下列措施：

1 屋面应设置保温、隔热层。

2 屋面保温（隔热）层或屋面刚性面层及其砂浆找平层应设置分隔缝，分隔缝间距不宜大于6m，其缝宽不小于30mm，并与女儿墙隔开。

3 顶层屋面板下设置现浇钢筋混凝土圈梁，并沿内外墙拉通。房屋两端圈梁下的墙体内设置水平钢筋。

4 顶层及女儿墙灌孔浆料强度等级不应低于Mb7.5。

5 顶层纵横墙相交处及沿墙长每间隔4m设钢筋混凝土构造柱，有女儿墙的构造柱应伸至女儿墙顶并与现浇钢筋混凝土压顶整浇在一起。

6 顶层纵横墙每隔450mm高度在模卡砌块水平凹槽内应设2根通长拉筋，拉筋直径不应小于6mm。

7 顶层纵横墙每间隔2000mm在模卡砌块孔内增设1ϕ12(保温模卡砌块为2ϕ10)插筋，插入上下层圈梁内35d。

4.3.15 当地基软弱时且建筑物体型复杂时，宜在下列部位设置沉降缝：

1 房屋立面高差在6m以上处。

2 房屋有错层，且楼板高差较大处。

3 地基土的压缩性有显著差异处。

4 建筑结构(或基础)类型不同处。

5 分期建造的房屋交界处。

沉降缝的宽度必须满足抗震要求，可按表4.3.15采用。

表4.3.15 满足抗震要求的房屋沉降缝宽(mm)

房屋层数	缝宽
二～三	70～100
四～七	120～180

注：当沉降缝两侧单元层数不同时，缝宽按层数较高者采用。

4.3.16 为减少由于不均匀沉降等因素引起的墙体裂缝，可采用以下措施：

1 建筑物宜简单规则，其刚度与质量宜分布均匀，纵墙转折不宜多，横墙间距不宜过大，建筑物长高比不宜大于3。

2 为保证多层房屋及空旷房屋的整体性，应加强设置圈梁，并适当提高圈梁的刚度。在地基基础中，应按地基基础设计规范的规定，严格控制房屋的地基容许变形值。

4.3.17 为减少由于温度等因素引起墙体裂缝或渗漏，可采用以下措施：

1 应避免热源紧靠墙体或采用良好的隔热防护措施。

2 当相邻屋面标高不一致时，应采取有效措施，防止低屋面温度伸缩时对高屋面的墙体推拉作用而产生水平裂缝。

3 外墙窗台处模卡砌块上下水平槽内各设置2ϕ10钢筋，两边应伸入墙内应不少于800mm，并且用Cb20灌孔混凝土灌实，高度不宜小于150mm。

4 门、窗洞口两侧墙体，在模卡砌块主孔洞内插不小于1ϕ12（保温模卡砌块不小于2ϕ10）钢筋，伸入上下层圈梁内35d，并用Cb20灌孔混凝土灌实。

5 房屋内外墙易产生裂缝部位（如温度应力较大的部位、填充墙界面部位等），应在墙面设置抗裂网格布或钢丝网片等防裂措施后，再做粉刷。

4.3.18 为增加房屋的整体刚度，防止由于地基的不均匀沉降，或较大振动荷载等对房屋引起的不利影响，可在墙中设置现浇钢筋混凝土圈梁，圈梁应嵌入混凝土模卡砌块凹口内，嵌入深度不小于40mm，与墙体连成整体。普通模卡砌块砌体内的圈梁宽度同墙厚，保温模卡砌块砌体内钢筋混凝土圈梁的宽度不应小于200mm。圈梁的设置及构造要求，均应按现行国家标准《砌体结构设计规范》GB 50003的相应规定及本标准的相关条文执行。

4.3.19 模卡砌块砌体墙中钢筋混凝土过梁、挑梁的验算及构造应按现行国家标准《砌体结构设计规范》GB 50003的规定采用。不得采用砌体过梁。

4.3.20 模卡砌块用于框架填充墙墙体时除应满足稳定要求外，尚应考虑水平风荷载及地震作用的影响。地震作用可按现行国家标准《建筑抗震设计规范》GB 50011中非结构构件的规定计算。

4.3.21 在正常使用和正常维护条件下，模卡砌块填充墙的使用年限宜与主体结构相同，结构的安全等级可按二级考虑。

4.3.22 模卡砌块填充墙与框架的连接，可根据设计要求采用脱开或不脱开方法。有抗震设防要求时宜采用填充墙与框架脱开的方法：

1 当模卡砌块填充墙与框架采用脱开的方法时，宜符合下列规定：

1） 填充墙两端与框架柱，填充墙顶面与框架梁之间留出不小于20mm间隙。

2） 填充墙端部应设置构造柱，柱间距宜不大于20倍墙厚且不大于4m，柱宽度不小于100mm。柱纵向钢筋不宜小于$\phi 10$，箍筋宜为$\phi^{R}5$，竖向间距不宜大于400mm。竖向钢筋与框架梁或其挑出部分的预埋件或预留钢筋连接，绑扎接头时不小于30d(d为钢筋直径)，焊接时(单面焊)不小于10d。柱顶与框架梁(板)应预留不小于15mm的缝隙，用硅酮胶或其他弹性密封材料封缝。当填充墙有宽度大于2 100mm的洞口时，洞口两侧应加设宽度不小于50mm的单筋混凝土柱。

3） 填充墙两端宜卡入设在梁、板底及柱侧的卡口铁件内，墙侧卡口板的竖向间距不宜大于450mm，墙顶卡口板的水平间距不宜大于1 500mm。

4） 墙体高度超过4m时宜在墙高中部设置与柱连通的水平系梁。水平系梁的截面高度不小于60mm。填充墙高度不宜大于6m。

5） 填充墙与框架柱、梁的缝隙可采用聚苯乙烯泡沫塑料板条或聚氨酯发泡材料填充，并用硅酮胶或其他弹性密封材料封缝。

6） 所有连接用钢筋、金属配件、铁件、预埋件等均应作防腐防锈处理，并应符合本标准第4.1.3条的规定。嵌缝材料应能满足变形和防护要求。

2 当模卡砌块填充墙与框架采用不脱开的方法时，宜符合下列规定：

1） 沿柱高每隔450mm配置2根直径6mm的拉结钢筋，钢筋伸入填充墙长度不宜小于700mm，且拉结钢筋应错开截断，相距不宜小于200mm。填充墙墙顶应与框架梁紧密结合。顶面与上部结构接触处宜用一皮砖或配砖斜砌楔紧。

2）当填充墙有洞口时，宜在窗洞口的上端或下端、门洞口的上端设置钢筋混凝土带，钢筋混凝土带应与过梁的混凝土同时浇筑，其过梁的断面及钢筋由设计确定。钢筋混凝土带的混凝土强度等级不小于C20。当有洞口的填充墙尽端至门窗洞口边距离小于240mm时，宜采用钢筋混凝土门窗框。

3）填充墙长度超过5m或墙长大于2倍层高时，墙顶与梁宜有拉接措施，墙体中部应加设构造柱；墙高度超过4m时宜在墙高中部设置与柱连接的水平系梁，墙高超过6m时，宜沿墙高每2m设置与柱连接的水平系梁，梁的截面高度不小于60mm。

4.4 抗震设计

4.4.1 抗震设防地区的模卡砌块砌体，除应符合本标准第1章至本章第4.3节的要求外，尚应按本节的规定进行抗震设计，同时尚应符合现行国家标准《建筑抗震设计规范》GB 50011和现行上海市工程建设规范《建筑抗震设计规程》DGJ 08－9的有关规定。

4.4.2 模卡砌块砌体抗震设计应符合下列要求：

1 抗震设防区的模卡砌块砌体房屋宜选择对抗震有利地段。对抗震不利地段应提出避开要求；当无法避开时，应采取有效的措施。对抗震危险地段，严禁建造甲、乙类的建筑，不应建造丙类的建筑。

2 模卡砌块砌体房屋应力求建筑物体型规则、对称，质量和刚度变化宜均匀，避免平面和立面的突然变化和不规则形状。

3 模卡砌块砌体房屋应按抗震设防要求，设置圈梁、构造柱，并加强墙与柱、墙与墙、墙与楼屋面板之间的锚固构造。

4 模卡砌块砌体房屋不得采用独立砌体柱。跨度不小于6m的大梁的支承构件应采用组合砌体等加强措施，并满足承载力要求。

5 挑檐、雨篷悬挑构件及附属的非结构构件应与主体结构有可靠的连接或锚固，不应设置地震时易倒、易脱落、易损坏的装饰物，女儿墙宜采用现浇钢筋混凝土结构。

6 对于承重砌体结构，模卡砌块的强度等级不应低于MU7.5，灌浆浆料的强度等级不应低于Mb7.5；对于填充墙，模卡砌块的强度等级不应低于MU5，灌浆浆料的强度等级不应低于Mb5。

4.4.3 多层模卡砌块砌体房屋的建筑布置和结构体系，应符合下列要求：

1 应优先采用横墙承重或纵横墙共同承重的结构体系，不应采用砌体墙和混凝土墙混合承重的结构体系。

2 纵横墙的布置应符合现行国家标准《建筑抗震设计规范》GB 50011的要求。

3 房屋有下列情况之一时宜设置防震缝，缝两侧均应设置墙体，缝宽应根据抗震设防烈度和房屋高度确定，可采用70mm～100mm缝宽：

1) 房屋立面高差在6m以上；

2) 房屋有错层，且楼板高差大于层高的1/4；

3) 各部分结构刚度、质量截然不同。

4 楼梯间不宜设置在房屋的尽端或转角处。

5 烟道、风道等不应削弱墙体；当墙体被削弱时，应对墙体采取加强措施；不宜采用无竖向插筋的附墙烟囱及屋面的烟囱。

6 不应在房屋转角处设置转角窗。

4.4.4 模卡砌块砌体房屋的层数、总高度和层高应符合下列要求：

1 一般情况下，房屋的层数和总高度不应超过表4.4.4的规定。

表4.4.4 房屋的层数和总高度限值

类别	最小抗震墙厚度(mm)	抗震设防烈度			
		7度		8度	
		高度(m)	层数	高度(m)	层数
多层砌体	200	21	7	18	6

注：1 房屋的总高度指室外地面到主要屋面板板顶或檐口的高度，半地下室从地下室室内地面算起，全地下室和嵌固条件好的半地下室应允许从室外地面算起；对带阁楼的坡屋面应算到山尖墙的1/2高度处。

2 室内外高差大于0.6m时，房屋总高度应允许比表中数据适当增加，但增加量应少于1.0m。

3 乙类的多层模卡砌体房屋仍按本地区设防烈度查表，其层数应减少一层且总高度应降低3m；不应采用底部框架-抗震墙砌体房屋。

2 横墙较少的多层模卡砌块房屋，总高度应比表4.4.4的规定降低3m，层数相应减少一层；各层横墙很少的多层模卡砌块房屋，还应再减少一层。

注：横墙较少是指同一楼层内开间大于4.2m的房间占该层总面积的40%以上。其中，开间不大于4.2m的房间占该层总面积不到20%且开间大于4.8m的房间占该层总面积的50%以上为横墙很少。

3 横墙较少的丙类多层模卡砌块砌体房屋，当按本标准第4.4.25条规定采取加强措施并满足抗震承载力要求时，其高度和层数应允许仍按表4.4.4的规定采用。

4 多层模卡砌块砌体房屋的层高，不应超过3.6m。

4.4.5 多层模卡砌块砌体房屋总高度和总宽度的最大比值，应符合表4.4.5的要求。

表 4.4.5 房屋最大高宽比

抗震设防烈度	7 度	8 度
最大高宽比	2.5	2.0

注:1 单面走廊房屋的总宽度不包括走廊宽度。

2 建筑平面接近正方形时,其高宽比宜适当减小。

4.4.6 多层模卡砌块砌体房屋抗震横墙的最大间距,不应超过表4.4.6的要求。

表 4.4.6 房屋抗震横墙的最大间距(m)

楼盖类别	抗震设防烈度	
	7 度	8 度
现浇或装配整体式钢筋混凝土楼、屋盖	15	11
装配式钢筋混凝土楼、屋盖	11	9

注:多层模卡砌块砌体房屋的顶层,最大横墙间距应允许适当放宽,但应采取相应加强措施。

4.4.7 多层模卡砌块砌体房屋中砌体墙段的局部尺寸限值,宜符合表 4.4.7 的要求。

表 4.4.7 房屋局部尺寸限值(m)

部 位	抗震设防烈度	
	7 度	8 度
承重窗间墙最小宽度	1.0	1.2
承重外墙尽端至门窗洞边的最小距离	1.0	1.2
非承重外墙尽端至门窗洞边的最小距离	1.0	1.0
内墙阳角至门窗洞边的最小距离	1.0	1.5
无锚固女儿墙(非出入口处)的最大高度	0.5	0.5

注:1 局部尺寸不足时,应采取增加构造柱及增大配筋等局部加强措施弥补,且最小宽度不宜小于 1/4 层高和表列数据的 80%。

2 当表中部位采用配筋模卡砌块或钢筋混凝土墙垛时,其局部尺寸不受本表限制。

3 出入口处的女儿墙应有锚固。

4.4.8 利用计算机进行结构抗震分析,应符合下列要求:

1 计算模型的建立,必要的简化计算与处理,应符合结构的实际工作状况。

2 计算软件的技术条件应符合本规范及有关标准的规定,并应阐明其特殊处理的内容和依据。

3 所有计算机计算结果,应经分析判断确认其合理、有效后方可用于工程设计。

4.4.9 多层模卡砌块砌体房屋进行地震作用分析时,一般情况下,应至少在建筑结构的两个主轴方向分别计算水平地震作用,各方向的水平地震作用应由该方向抗侧力构件承担。

4.4.10 多层模卡砌块砌体房屋可只选从属面积较大或竖向应力较小的墙段进行截面抗震承载力验算。

4.4.11 多层模卡砌块砌体房屋可采用底部剪力法进行抗震计算。

4.4.12 多层模卡砌块砌体房屋采用底部剪力法计算时,各楼层可仅取一个自由度,结构水平地震作用标准值,应按下列公式确定(图 4.4.12):

$$F_{Ek}=\alpha_{max}G_{eq} \tag{4.4.12-1}$$

$$F_i=\frac{G_iH_i}{\sum_{j=1}^{n}G_jH_j}F_{Ek}(1-\delta_n)\quad(i=1,2,\cdots,n) \tag{4.4.12-2}$$

式中:F_{Ek}——结构总水平地震作用标准值;

α_{max}——水平地震影响系数最大值,应按表 4.4.12 采用;

G_{eq}——结构等效总重力荷载,单质点取总重力荷载代表值,多质点可取总重力荷载代表值的 85%;

F_i——质点 i 的水平地震作用标准值;

G_i,G_j——集中于质点 i,j 的重力荷载代表值,应按本标准第 4.4.13 条确定;

H_i,H_j——质点 i,j 的计算高度。

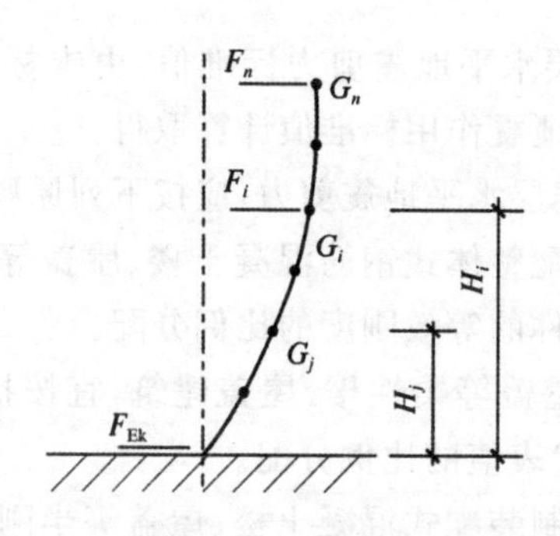

图 4.4.12　结构水平地震作用计算简图

表 4.4.12　水平地震影响系数最大值

烈度	7 度	8 度
多遇地震	0.08	0.16

4.4.13　计算地震作用时，建筑的重力荷载代表值应取结构和构配件自重标准值和各可变荷载组合值之和。各可变荷载的组合值系数应按表 4.4.13 采用。

表 4.4.13　组合值系数

可变荷载种类		组合值系数
雪荷载		0.5
屋面积灰荷载		0.5
屋面活荷载		不计入
按实际情况计算的楼面活荷载		1.0
按等效均布荷载计算的楼面活荷载	藏书库、档案库	0.8
	其他民用建筑	0.5

4.4.14　结构的第 i 楼层水平地震剪力设计值，应按下式计算：

$$V_i = \gamma_{Eh} V_{ki} (i=1,2,\cdots,n) \qquad (4.4.14)$$

式中：V_i——楼层 i 的水平剪力设计值；

γ_{Eh}——水平地震作用分项系数，$\gamma_{Eh}=1.3$；

V_{ki}——第 i 层水平地震剪力标准值，由本标准第 4.4.12 条水平地震作用标准值计算取得。

4.4.15 结构的楼层水平地震剪力，应按下列原则分配：

1 现浇和装配整体式钢筋混凝土楼、屋盖等刚性楼、屋盖建筑，宜按抗侧力构件的等效刚度的比例分配。

2 木楼盖、屋盖等柔性楼、屋盖建筑，宜按抗侧力构件从属面积上重力荷载代表值的比例分配。

3 普通的预制装配式混凝土楼、屋盖等半刚性楼、屋盖的建筑，可取上述两种分配结果的平均值。

4.4.16 进行地震剪力分配和截面验算时，砌体墙段的层间等效侧向刚度应按下列原则确定：

1 刚度的计算应考虑高宽比的影响。高宽比小于 1 时，可只计算剪切变形；高宽比不大于 4 且不小于 1 时，应同时计算弯曲和剪切变形；高宽比大于 4 时，等效侧向刚度可取 0.0。

注：墙段的高宽比指层高与墙长之比，对门窗洞边的小墙段指洞净高与洞侧墙宽之比。

2 墙段宜按门窗洞口划分；对设置构造柱的小开口墙段按毛墙面计算的刚度，可根据开洞率乘以表 4.4.16 的墙段洞口影响系数。

表 4.4.16 墙段洞口影响系数

开洞率	0.10	0.20	0.30
影响系数	0.98	0.94	0.88

注：1 开洞率为洞口水平截面积与墙段水平毛截面积之比，相邻洞口之间净宽小于 500mm 的墙段视为洞口。

2 洞口中线偏离墙段中线大于墙段长度的 1/4 时，表中影响系数值折减 0.9；门洞的洞顶高度大于层高 80％时，表中数据不适用；窗洞高度大于 50％层高时，按门洞对待。

4.4.17 模卡砌块砌体沿阶梯形截面破坏的抗震抗剪强度设计值，应按下式确定：

$$f_{VE}=\zeta_N f_V \tag{4.4.17}$$

式中：f_{VE}——砌体沿阶梯形截面破坏的抗震抗剪强度设计值；

f_V——非抗震设计的砌体抗剪强度设计值，按本标准表3.2.2采用；

ζ_N——砌体抗震抗剪强度的正应力影响系数，可按表4.4.17采用。

表 4.4.17 混凝土模卡砌块强度的正应力影响系数

σ_0/f_V	1.0	3.0	5.0	7.0	10.0	12.0	≥16.0
ζ_N	1.23	1.69	2.15	2.57	3.02	3.32	3.92

注：σ_0 为对应于重力荷载代表值的砌体截面平均压应力。

4.4.18 模卡砌块砌体墙体的截面抗震受剪承载力，应按下式验算：

$$V\leqslant f_{VE}A/\gamma_{RE} \tag{4.4.18}$$

式中：V——墙体剪力设计值；

A——墙体横截面面积；

γ_{RE}——承载力抗震调整系数，承重墙按1.0采用，自承重墙按0.75采用。

4.4.19 当采用底部剪力法时，突出屋面的烟囱、女儿墙、屋顶间等的地震作用效应，宜乘以增大系数3，此增大部分不应往下传递，但与该突出部分相连的构件应予计入。

4.4.20 多层模卡砌块砌体房屋，应按下列要求设置现浇钢筋混凝土构造柱（以下简称构造柱）：

1 构造柱设置部位，一般情况下应符合表4.4.20的要求。

2 外廊式和单面走廊式的多层房屋，应根据房屋增加一层后的层数，按表4.4.20的要求设置构造柱，且单面走廊两侧的纵墙均应按外墙处理。

3 横墙较少的房屋，应根据房屋增加一层的层数，按表4.4.20的要求设置构造柱。当横墙较少的房屋为外廊式或单面走廊式时，应按本条第2款要求设置构造柱；但7度不超过三层和8度不超过二层时，应按增加二层后的层数对待。

4 各层横墙很少的房屋，应按增加二层的层数设置构造柱。

表 4.4.20 房屋构造柱设置要求

<table>
<tr><th colspan="2">房屋层数</th><th colspan="2" rowspan="2">设置部位</th></tr>
<tr><th>7度</th><th>8度</th></tr>
<tr><td>三、四</td><td>二、三</td><td rowspan="3">楼、电梯间四角，楼梯斜梯段上下端对应的墙体处；外墙四角和对应转角；大房间内外墙交接处；错层部位横墙与外纵墙交接处；较大洞口两侧</td><td>隔12m或单元横墙与外纵墙交接处；楼梯间对应的另一侧内横墙与外纵墙交接处</td></tr>
<tr><td>五</td><td>四</td><td>各开间横墙（轴线）与外墙交接处；山墙与内纵墙交接处</td></tr>
<tr><td>≥六</td><td>≥五</td><td>内墙（轴线）与外墙交接处；
内墙的局部较小墙垛处；
内纵墙与横墙（轴线）交接处</td></tr>
</table>

注：较大洞口，内墙指不小于2.1m的洞口；外墙在内外墙交接处已设置构造柱时可适当放宽，但洞侧墙体应加强。

4.4.21 多层模卡砌块砌体房屋构造柱应符合下列构造要求：

1 构造柱最小截面可采用200mm×200mm，纵向钢筋宜采用4φ12，箍筋直径不小于φ6，间距不宜大于250mm，且在柱上下端应适当加密；7度时超过六层，8度时超过五层时，构造柱纵向钢筋宜采用4φ14，箍筋间距不应大于200mm；房屋四角的构造柱应适当加大截面及配筋。构造柱混凝土强度等级不小于C20。

2 构造柱与砌块墙连接处，构造柱要嵌入砌块墙内，并应沿墙高每隔450mm设2φ6水平钢筋和φ4分布短筋平面内点焊组成的拉结网片或φ4点焊钢筋网片，每边伸入墙内不宜小于1m。7度时底部1/3楼层，8度时底部1/2楼层，上述拉结钢筋网片应沿墙体水平通长设置。

3 构造柱与圈梁连接处，构造柱的纵筋应在圈梁纵筋内侧穿过，保证构造柱纵筋上下贯通。

4 构造柱可不单独设置基础，但应伸入室外地面下 500mm，或与埋深小于 500mm 的基础圈梁相连。

5 房屋高度和层数接近本标准表 4.4.4 的限值时，纵、横墙内构造柱间距尚应符合下列要求：

1）横墙内的构造柱间距不宜大于层高的 2 倍；下部 1/3 楼层的构造柱间距适当减小。

2）当外纵墙开间大于 3.9m 时，应另设加强措施。内纵墙的构造柱间距不宜大于 4.2m。

4.4.22 多层住宅楼屋盖处内外承重墙应每层设置现浇钢筋混凝土圈梁。

4.4.23 圈梁构造应符合本标准第 4.3.22 条及现行国家标准《建筑抗震设计规范》GB 50011 和现行上海市工程建设规范《建筑抗震设计规程》DGJ 08－9 的要求。

4.4.24 模卡砌块砌体结构房屋各结构构件间应有可靠连接措施，以保证房屋的抗震性能，其连接构造应符合下列要求：

1 现浇钢筋混凝土楼板或屋面板伸进纵、横墙内的长度不应小于 120mm；装配式钢筋混凝土楼板或屋面板，当圈梁未设置在板的同一标高时，板端伸进外墙的长度不应小于 120mm，伸进内墙的长度不应小于 100mm，在梁上不应小于 80mm。

2 楼、屋盖的钢筋混凝土梁或屋架应与墙体、柱（包括构造柱）或圈梁可靠连接。

3 楼梯间应符合下列要求：

1）突出屋顶的楼、电梯间等房间，构造柱应伸到顶部，并与顶部圈梁连接。所有墙体应沿墙高每隔 450mm 设 $2\phi6$ 通长钢筋和 $\phi4$ 分布短筋平面内点焊组成的拉结网片或 $\phi4$ 点焊网片。

2）顶层楼梯间墙体应沿墙高每隔 450mm 设 $2\phi6$ 通长钢筋和 $\phi4$ 分布短筋平面内点焊组成的拉结网片或 $\phi4$ 点焊钢筋网片；7，8 度时其他各楼层楼梯间墙体应在休息平台或楼层半高处设置 60mm 厚的钢筋混凝土带，其宽度不小于墙厚（自保温模卡砌块不小于墙厚减30mm），混凝土强度等级不宜低于 C20，纵向钢筋不应少于 2ϕ10。

3）楼梯间及门厅内墙阳角处的大梁支承长度不应小于500mm，并应与圈梁连接。

4）装配式楼梯段应与平台板的梁可靠连接，8 度时不应采用装配式楼梯段；不应采用墙中悬挑式踏步或踏步竖肋插入墙体的楼梯，不应采用无筋砌体作为栏板。

4.4.25 横墙较少的多层住宅的总高度和层数接近或达到本标准表4.4.4规定限值，应采取下列加强措施：

1 房屋的最大开间尺寸不宜大于 6.6m。

2 同一结构单元内横墙错位数量不宜超过横墙总数的 1/3，且连续错位不宜多于 2 道；错位的墙体交接处均应增设构造柱，且楼、屋面板应采用现浇钢筋混凝土板。

3 横墙和内纵墙上洞口的宽度不宜大于 1.5m，外纵墙上洞口的宽度不宜大于 2.1m 或开间尺寸的一半；且内外墙上洞口位置不应影响内外纵墙与横墙的整体连接。

4 所有纵横墙交接处及横墙的中部，均应增设满足下列要求的构造柱；在横墙内的柱距不宜大于层高，纵墙内的柱距不宜大于 4.0m，构造柱配筋宜符合表 4.4.25 的要求。

表 4.4.25 增设构造柱的纵筋和箍筋设置要求

<table>
<tr><th rowspan="2">位置</th><th colspan="3">纵向钢筋</th><th colspan="3">箍筋</th></tr>
<tr><th>最大配筋率（%）</th><th>最小配筋率（%）</th><th>最小直径（mm）</th><th>加密区范围（mm）</th><th>加密区间距（mm）</th><th>最小直径（mm）</th></tr>
<tr><td>角柱</td><td rowspan="2">1.8</td><td rowspan="2">0.8</td><td>14</td><td>全高</td><td rowspan="3">100</td><td rowspan="3">6</td></tr>
<tr><td>边柱</td><td>14</td><td rowspan="2">上端 700
下端 500</td></tr>
<tr><td>中柱</td><td>1.4</td><td>0.6</td><td>12</td></tr>
</table>

5　同一结构单元的楼、屋面板应设在同一标高处。

6　房屋底层和顶层的窗台标高处，宜设置沿纵横墙通长的水平现浇钢筋混凝土带；其截面高度不小于60mm，宽度不小于墙厚(自保温模卡砌块不小于墙厚减30mm)；纵向钢筋不少于2ϕ10，横向分布钢筋的直径不小于ϕ6，且其间距不大于200mm。

7　所有纵横墙均应在楼、屋盖标高处设置加强的现浇钢筋混凝土圈梁；圈梁的截面高度不宜小于200mm，上下纵筋各不应少于2ϕ12，箍筋不小于ϕ6，间距不大于200mm。

4.4.26　模卡砌块砌体墙作为钢筋混凝土结构中的填充墙时，尚应符合下列要求：

1　填充墙在平面和竖向的布置，宜均匀对称，填充墙与框架柱采用刚性连接时，宜避免形成薄弱层或短柱。

2　填充墙应全高每隔450mm设置2ϕ6拉筋和ϕ4分布短筋平面内点焊组成的拉结网片或ϕ4点焊钢筋网片，深入墙内的长度，7度时宜沿墙体全长贯通，8度时应全长贯通。

3　墙长大于5m时，墙顶与梁或板宜有拉结；墙长超过8m或层高2倍时，宜设置钢筋混凝土构造柱；墙高超过4m时，墙体半高宜设置与柱连接且沿墙全长贯通的钢筋混凝土水平系梁。系梁高宜为150mm，宽度与墙厚相同(自保温模卡砌块不小于墙厚减30mm)，纵向钢筋不应小于4ϕ10，箍筋直径不宜小于6mm，间距不宜大于250mm。

4　楼梯间和人流通道的填充墙，尚应采用钢丝网砂浆面层加强。

4.5　建筑设计要点

4.5.1　混凝土模卡砌块设计时，其建筑平面宜以100mm为模数。

4.5.2　建筑平面应简洁规整，不宜多凹凸转折和小弧度布局。

4.5.3 基础墙当无基础圈梁时，应设置60mm厚细石防水混凝土防潮层。

4.5.4 外墙宜优先选用保温模卡砌块自保温系统，相关设计应符合现行行业标准《自保温混凝土复合砌块应用技术规程》JGJ/T 323及本标准的相关要求。

4.5.5 内、外墙面粉刷总厚度均不宜大于20mm，且应符合现行国家标准《建筑装饰装修工程质量验收标准》GB 50210中普通抹灰工程质量要求。采用面砖饰面时，应符合相应标准及本市有关规定。当饰面采用石材、玻璃及金属幕墙时，设计必须另行采取可靠加强措施。

4.5.6 根据设计要求，可在模卡砌块墙体上明敷电气和智能管线或线槽。电气和智能管线的暗敷设，可在墙体叠砌时配合预埋在模卡砌块水平和垂直方向的凹槽和孔洞内。电气和智能管线的竖向总管，应沿电气竖井或楼梯间等部位敷设。

4.5.7 不应将污水、废水、雨水立管和支管及给水立管，设在模卡砌块墙体内。

4.5.8 砌墙体时应预留消火栓箱、水表箱、电表箱、配电箱、电信分线箱、综合配线箱、多媒体配线箱等各类箱体的位置、尺寸等。

4.5.9 应在灌筑墙体时预留或预埋设计规定所需的孔洞、管道、沟槽和预埋件等。

4.5.10 对无法预留或遗漏的孔洞、沟槽，在模卡墙体上宜用专用设备开孔、凿槽，但孔洞的大小，沟槽的深度、长度、高度不得破坏墙体的结构强度，沟槽的深度不应大于30mm，并事先经设计同意，必要时需对墙体复核验算。不应在截面长边小于500mm的承重墙体内埋设管线。所有孔槽的间隙，应用M10预拌抹灰砂浆填实封闭。当有保温要求时，洞槽间隙应根据设计要求，采用相应的保温材料填实封闭。

4.6 保温模卡砌块自保温系统构造及热工设计

4.6.1 保温模卡砌块砌体的构造除满足本标准第4.3节的要求外,还应满足本节的规定。

4.6.2 当保温模卡砌块外墙的平均传热系数因受建筑体型、墙体厚度限制或受钢筋混凝土圈梁、过梁、承重柱、构造柱及楼板等热桥因素的影响,不能满足建筑节能设计标准时,可采用保温材料在热桥部位内(外)侧实施附加保温或采用保温材料在墙体内(外)侧实施辅助保温。

4.6.3 对保温模卡砌块墙体实施附加保温或辅助保温时,应符合下列规定:

1 保温模卡砌体基墙应做M15预拌抹灰砂浆找平层,找平层的厚度不应小于12mm。

2 外门窗洞口周边墙面应按设计要求进行保温和防水密封处理,其保温层厚度不应小于20mm。

3 外墙出挑构件及附墙构件,如凸窗、女儿墙和挑檐等,均应按设计要求采取保温构造措施。

4.6.4 在砌体中留槽洞及埋设管道时,应避免破坏保温材料。

4.6.5 保温模卡砌块砌体结构中的构造柱、圈梁、过梁及挑梁的宽度宜小于模卡砌块墙厚,但尺寸不应大于模卡砌块壁厚,附加保温材料后墙面应保持平整。

4.6.6 保温模卡砌块外墙在砌筑时应考虑建筑外墙梁、柱等热桥部位内(外)保温面层厚度,砌筑时可将砌块挑出梁、柱面,挑出宽度不应大于模卡砌块外侧壁壁厚,梁柱凹进处可外贴(或粉刷)符合设计要求的保温材料,然后与墙体界面同步粉刷,以保证完成面平整。

4.6.7 保温模卡砌块与其他外墙保温材料连接处应做好防护措施,可采用在此连接处粘贴网格布等方法,网格布的搭接、翻边以及相应的增强做法应符合现行行业标准《外墙外保温工程技术规程》JGJ 144、《外墙内保温工程技术规程》JGJ/T 261 有关规定。

4.6.8 用于建筑外墙的热工性能，应根据现行建筑节能设计标准对外墙节能的规定性指标或建筑节能的综合指标与要求，通过热工计算确定。

4.6.9 保温模卡砌块墙体的传热系数(K_p)应按表 4.6.9 的要求取值。

表 4.6.9 保温模卡砌块砌体传热系数(K_p)值

保温模卡砌块厚度(mm)	中间孔内插保温板厚度(mm)	外墙传热系数[W/(m^2·K)]	内墙传热系数[W/(m^2·K)]
225	30	0.832	0.786
225	40	0.750	0.710
240	45	0.600	0.576

注:墙体粉刷均为 15mm 厚的 M15 预拌抹灰砂浆双面粉刷，内插保温板材(B_1 级)的导热系数为 0.039W /(m·K)。

5 施 工

5.1 一般规定

5.1.1 模卡砌块砌体工程施工要求除应执行本标准的规定外，尚应符合现行国家标准《砌体结构工程施工规范》GB 50924、《建筑工程施工质量验收统一标准》GB 50300、《砌体工程施工质量验收规范》GB 50203 等的规定。

5.1.2 模卡砌块、灌孔浆料及保温材料应符合相关现行国家标准、地方标准及本标准的要求。

5.1.3 模卡砌块堆放场地应平整夯实，排水通畅，同时须按规格、强度等级分别堆放，堆垛上应有标志，垛间留通道，严禁翻斗倾卸和任意抛掷。

5.1.4 模卡砌块堆放时，不应贴地堆放，卡口应对齐堆放，高度不宜超过 1.5m，当采用集装托板时，其叠放高度不宜超过 2 格（每格 5 皮），应有防雨和防潮措施。安装在墙体内的各种预制构配件与钢筋网片应按型号、规格分别堆放。

5.1.5 模卡砌块砌体结构施工前，应用钢尺校核房屋的放线尺寸，其允许偏差应符合表 5.1.5 的规定。

表 5.1.5 建筑物放线尺寸允许偏差

建筑物尺寸(m)	允许偏差(mm)
$L(B)\leqslant 30$	±5
$30<L(B)\leqslant 60$	±10
$60<L(B)\leqslant 90$	±15
$L(B)>90$	±20

注：L 表示建筑物的长度，B 表示建筑物的宽度。

5.1.6 墙体施工前应按设计施工要求编制模卡砌块平、立面排列图。排列时应根据模卡砌块规格和墙体宽度、门窗洞口尺寸、过梁与圈梁的高度，构造柱位置、预留洞口大小、管线、开关、插座敷设部位等进行对孔、错缝搭接排列，应以主规格模卡砌块为主，辅以相应的配套块。

5.1.7 模卡砌块砌筑前，应清除其表面的污物和孔洞卡口处的毛边。

5.1.8 第一皮模卡砌块砌筑前应用M20砌筑砂浆找平其支承面，基层面应平整，砌筑墙体前应对基层面质量进行检查和验收，符合要求后方可进行墙体施工。

5.1.9 模卡砌块砌体施工质量等级按现行国家标准《砌体结构工程施工质量验收规范》GB 50203要求优先选用A级或B级。

5.1.10 同一建筑物使用的模卡砌块，必须从同一厂家购入，并持有产品合格证书、产品性能检测报告，应要求在厂内的养护龄期必须达到28d；出厂时，产品宜于包装，并采用托板或可靠技术措施装运。块材及保温材料进场应见证取样，并按现行要求进行复验。

5.1.11 保温模卡砌块内加入保温材料应在工厂内完成，两保温砌块搭接处的保温材料在现场灌浆前加入。

5.1.12 进入施工现场的保温板必须包装，并应有相应的防水、防火措施，且应在其周边设置专门的消防设施。

5.1.13 模卡砌块砌体的找平材料和设计要求需加强的部位，所灌注的特殊配套灌孔浆料，必须按要求另行配制，不能用普通灌孔浆料替代。

5.2 灌孔浆料

5.2.1 工程中所用的灌孔浆料，应按设计要求对其种类、强度等级、性能及使用部位核对后使用。灌孔浆料可根据设计要求由工厂进行配置,预拌成干混料运到现场使用。

5.2.2 灌孔浆料进行现场拌制时,宜按产品说明书的要求加水搅拌,并采用机械搅拌。机械搅拌拌和时间自料加完起算不得少于 180s,灌孔浆料拌和物应均匀,颜色一致,不产生分层离析。灌孔浆料拌制后宜采用灌浆泵输送灌入。

5.2.3 灌孔浆料应随拌随用,并在初凝前使用完毕,也可采用掺外加剂等措施延长使用时间,外加剂掺量应经试验确定。若灌孔浆料出现泌水现象,应在灌孔前重新搅拌。

5.2.4 灌孔浆料的试块取样应取自搅拌机出料口,同一组试块样应从同盘材料取出。

5.2.5 灌孔浆料强度等级应以标准养护龄期为 28d 的试块抗压试验结果为准。试块制作应按现行行业标准《建筑砂浆基本性能试验方法》JGJ 70 的规定执行。

5.2.6 拌制灌孔浆料用水,其质量应符合现行行业标准《混凝土用水标准》JGJ 63 的规定。

5.3 砌体施工

5.3.1 模卡砌块砌筑前应在找平后基层面上用 20mm 厚的 M20 预拌砌筑砂浆坐浆。模卡砌块灌浆前,应在模卡砌块底部先灌 50mm 厚与灌孔浆料相同等级的预拌砌筑砂浆铺底后再灌灌孔浆料。

5.3.2 模卡砌块摆砖时上下皮应对孔、错缝搭接,个别情况下无法对孔时,错孔搭接长度不应小于 90mm。当不能满足要求时,应在水平缝中设 2ϕ6 拉结钢筋,拉结筋两端距离该垂直缝不得小于 400mm,竖向通缝不得超过 2 皮模卡砌块。

5.3.3 模卡砌体不应留灰缝,模卡砌块间的缝隙应做到横平竖直,模卡砌块砌筑中的累积误差可用 M10 预拌砌筑砂浆调整。

5.3.4 灌注灌孔浆料时,普通模卡砌体可每砌 3 至 5 皮进行灌筑;保温模卡砌体应一皮一灌,严禁用水冲浆灌缝,也不得采用石子、木榫等垫塞灰缝的操作方法。灌筑时,应用专用插入式振动捧进行振捣密实,并有灌浆料泌出砌体缝隙。如未发现有灌浆料泌出砌体缝隙,可用锤击法分辨其密实与否。

5.3.5 模卡砌块灌浆时,前后两次灌浆面应留在距模卡砌块内卡口以下 40mm～60mm 处。

5.3.6 保温砌块灌浆前应先插入砌块间的保温板,灌浆时应采用专用插入式振动棒进行振捣密度,应防止保温板上浮,灌浆后应及时清理保温板上口残留的灌浆材料,保温板应上下连续。

5.3.7 内外墙、纵横墙交错处可采用钢筋混凝土构造柱连接,也可采用钢筋混凝土芯柱加强,构造柱与模卡砌块间应用封堵块封堵墙体水平槽,不同材料不得混杂。

5.3.8 模卡砌块墙体不应和其他墙体材料混砌。若需镶砌应采用与模卡砌块材料强度同等级的预制混凝土砌块。

5.3.9 模卡砌体灌筑时应根据不同保温材料、工程施工要求,对保温材料的固定提供必要的条件。

5.3.10 砌体砌筑时,应符合下列规定:

1 应使用产品龄期大于等于 28d 的模卡砌块进行砌筑,不得使用断裂模卡砌块。

2 砌筑时,模卡砌块应肋面朝上(即正砌),且砌块之间应采用企口榫接,企口必须相互对准卡牢,应内外面齐平。

3 非承重隔墙与承重墙(或柱)不同时施工时,可在承重墙的水平缝中(或柱中)分别预埋 2ϕ6 拉结钢筋,其间距沿墙或柱高不得大于 450mm,埋入墙内与伸出墙外长度每边均不应小于 1000mm,末端应有 90°弯钩。非承重的纵横墙同步砌筑时,可搭接砌筑,但应将模卡砌块的上卡扣轻轻敲掉,不得损伤砌块的其他部分。

4 门窗洞口处模卡砌块孔内灌浆时,应防止模卡砌块移位,必要时可设置临时支撑措施。

5 不应撬动和碰撞已完成灌浆的模卡砌块,受损的墙体应清除,并应重新灌筑。

5.3.11 模卡砌块墙体灌筑应采用双排脚手架,在普通模卡砌块墙体内不宜设脚手孔洞。在灌注灌孔浆料时,应有防止漏浆的措施,严禁在墙体下列部位设置脚手孔洞:

1 过梁上部与过梁成60°三角形范围内。

2 宽度小于1m的窗间墙。

3 梁或梁垫下及其左右各500mm的范围内。

4 门窗洞两侧200mm和墙体交接处400mm的范围内。

5 设计规定不允许设脚手孔洞的部位。

保温模卡砌块内不应设脚手孔洞。

5.3.12 底层室内地面以下或防潮层以下的砌体,应采用强度等级不低于Cb20的混凝土灌实模卡砌块的孔洞。

5.3.13 梁端支承处应按设计要求设置现浇混凝土垫块,或根据设计要求用Cb20灌孔混凝土填实部分砌体孔洞;如无设计规定,则填实宽度不应小于400mm,高度不应小于150mm。

5.3.14 过梁窗台梁两端伸入墙内长度必须满足200mm及其整倍数要求。

5.3.15 施工期间气候异常炎热干燥并且气温超过30℃时,模卡砌块可在灌筑前稍喷水湿润,其余情况下模卡砌块灌筑前不应浇水。

5.3.16 两种不同材料的界面部位应采取抗裂处理措施。粉刷前在接缝的正反面应固定钢丝直径ϕ0.5菱形网孔间距为20mm的钢丝网,铺设宽度为接缝两侧各150mm,接缝内也可用弹性腻子等柔性材料嵌填,外设钢丝网片。

5.3.17 模卡砌体内墙面粉刷,待墙体灌注完,清除墙面污物,内墙面粉刷宜控制在10mm左右。墙面很平整时,也可用找平腻子直接批嵌二度后墙面即可作装饰处理。多层住宅顶层内墙面处理必须待钢筋混凝土屋面防水层、保温层、隔热层施工完成后方可进行。

5.3.18 模卡砌体外墙应先做防水层，后再做外粉刷。当采用面砖外饰面时，应先做防水砂浆底层，再使用陶瓷粘结剂粘贴与填缝剂嵌缝。

5.3.19 外墙采用保温模卡砌块灌筑时，梁柱等冷桥构件可凹进砌体，凹进宽度不宜大于30mm，冷桥构件外用符合设计要求的保温材料粉刷或者用保温板粘贴，然后与墙体界面同步做饰面处理。

5.3.20 砌体相邻工作段的高度差，不得超过一个楼层高度，也不宜大于4m。工作段的分段位置宜设在伸缩缝、沉降缝、防震缝、构造柱或门窗洞口处。

5.3.21 砌体的伸缩缝、沉降缝和防震缝内，不得夹有砂浆、碎模卡砌块和其他杂物。

5.3.22 对设计规定或施工所需的孔洞、管道、沟槽和预埋件等，模卡砌体在灌浆前应先利用水平和垂直槽孔预埋管道，照明、电信、闭路电视等线路采用刚性导管，可预埋于模卡砌块的竖向孔洞或横向槽孔中，但预埋导管不宜过分集中，普通模卡砌块每个竖向孔预埋导管不宜大于2根；保温砌块每个竖向孔预埋导管不宜大于1根。配合墙体灌筑时，接线盒、插座盒和开关盒可嵌埋于模卡砌块内，然后用MU10水泥砂浆填实。不应随意在墙体上开凿沟槽或打洞，无法避免时必须待灌浆达到设计强度，并采取必要措施或按削弱的截面验算墙体的承载力，满足相关规范的要求，经设计方同意后方可进行。

5.4 构造柱及圈梁施工

5.4.1 设置钢筋混凝土构造柱的模卡砌体应按先砌墙后浇柱的施工顺序进行。

5.4.2 构造柱与模卡砌体连接处，构造柱应紧贴墙体浇筑，构造柱混凝土应浇入模卡砌块端部凹形槎口，墙体可不留马牙槎。柱墙间用拉结筋拉结，拉结钢筋的规格、间距及每边伸入墙内长度应符合设计要求。

5.4.3 根据设计要求在模卡砌块墙内增设插筋时，可将插筋分段插入，分段插筋搭接长度应符合相关规范及设计要求。

5.4.4 构造柱尺寸的允许偏差应符合表 5.4.4 规定。

表 5.4.4 构造柱尺寸的允许偏差

<table>
<tr><th>项次</th><th colspan="3">项目</th><th>允许偏差(mm)</th><th>检查方法</th></tr>
<tr><td>1</td><td colspan="3">柱中心位置</td><td>10</td><td>用经纬仪检查</td></tr>
<tr><td>2</td><td colspan="3">柱层间错位</td><td>8</td><td>用经纬仪检查</td></tr>
<tr><td rowspan="3">3</td><td rowspan="3">柱垂直度</td><td colspan="2">每层</td><td>5</td><td>用吊线法检查</td></tr>
<tr><td rowspan="2">全高</td><td>≤10m</td><td>15</td><td>用经纬仪或吊线法检查</td></tr>
<tr><td>>10m</td><td>20</td><td>用经纬仪或吊线法检查</td></tr>
</table>

5.4.5 现浇混凝土圈梁可直接在灌浆后的模卡砌块上按设计要求浇捣。现浇圈梁混凝土应灌入下部模卡砌块内卡口下40mm～50mm。

5.4.6 普通模卡砌块砌体现浇混凝土圈梁等构件支模时，不宜在模卡砌块上打孔，如无法避免时，应有防漏浆措施。也可在放置挑头木位置下方用预制混凝土块灌筑，同时留出孔洞。模板拆除后，应用 C20 混凝土将孔洞填实。

5.4.7 保温模卡砌块灌筑的外墙上现浇混凝土圈梁或构造柱，应按先砌墙后浇柱的施工顺序。混凝土圈梁或构造柱支模可在墙体外侧模板内按设计要求放置附加保温板，并用 U 形ϕ4 钢筋固定在圈梁或构造柱内，钢筋间距为 400mm，梅花状布置，模板拆除时，不得损坏附加的保温板。

5.5 框架填充墙及围护墙施工

5.5.1 模卡砌块用于框架填充墙及围护墙工程的施工要求应同时遵守本标准其他相应规定。

5.5.2 框架外围护填充墙厚度不得小于 200mm。

5.5.3 模卡砌块砌体填充墙及围护墙的砌块和灌孔浆料强度等级必须符合设计要求,并分别不得低于 MU5 和级 Mb5 级。

5.5.4 填充墙与围护墙及钢筋混凝土柱、墙连接的拉结筋规格、竖向间距及伸入墙内长度应符合设计要求。拉结钢筋置于灌浆槽内。

5.5.5 填充墙与钢筋混凝土柱梁接触处的灌浆缝在灌浆时必须振捣密实,应有灌浆料泌出墙面。粉刷前,在接缝的正反面均应钉设菱形钢丝直径为ϕ0.5、菱形网孔间距 20mm 的钢丝网,接缝为缝两侧各 150mm。

5.5.6 填充墙不得一次砌到钢筋混凝土梁板底,可预留倾斜度为 45°~60°的斜砌混凝土实心砖高度,模卡砌体墙灌浆后至少间隔 7d 后,再将其补砌挤紧,砌筑砂浆必须饱满;也可仅预留 2cm 缝隙,施工完成后采用柔性防水材料填实,采用该做法时,梁下第一皮砌块可采用砌筑方式施工。粉刷前,墙梁接缝处应按本标准第5.5.5 条要求钉钢丝网。

5.5.7 按设计要求设芯柱,应在模卡砌块填充墙孔洞中插筋并灌填灌孔混凝土,按照构造柱施工方法施工。

5.5.8 窗台处或较大洞口处第一皮模卡砌块应用 Cb20 灌孔混凝土灌实,高度不宜小于 200mm,砌块上下水平槽内各配不应小于 2ϕ10 钢筋,伸入两边墙内长度不应小于 800mm。

5.5.9 普通模卡砌块灌筑的女儿墙在泛水高度处应用 Cb20 灌孔混凝土灌实。女儿墙不宜采用保温模卡砌块。

5.5.10 模卡砌块山墙顶部斜坡应用 C20 混凝土现浇,内埋铁件与屋面构件或纵向联系杆连接。

5.5.11 围护墙施工应采用双排脚手架，不宜在墙体上设脚手孔洞，应按照本标准第5.3.11条要求施工。

5.5.12 围护墙上圈梁、过梁等构件的支模方法应按照本标准第5.4.6条要求施工。

5.6 雨期、冬期施工

5.6.1 雨期施工时，模卡砌块应做好防雨措施。

5.6.2 当下雨时，保温模卡砌块砌体应停止施工；普通模卡砌块砌体施工应采取防雨措施，防止雨水浸入墙体。雨后继续施工时，必须校核墙体的垂直度。

5.6.3 灌孔浆料的稠度应视实际情况适当减小。

5.6.4 当室外日平均气温连续5d稳定低于5℃或气温骤然下降，均应及时采取冬期施工措施；当室外日平均气温连续5d高于5℃时，应解除冬期施工的措施。

5.6.5 冬期施工所用的材料，应符合下列规定：

1 不得使用浇过水或浸水后受冻的模卡砌块。

2 拌制灌孔浆料和构造柱混凝土所用的砂和骨料不得含有冰块和直径大于10mm的冻结块。

5.6.6 冬期施工在模卡砌体孔内灌浆后，应及时对新砌墙体进行覆盖。

5.6.7 冬期施工时，凡设计低于Mb7.5强度等级的灌孔浆料，应比常温施工提高一级，并且使用时的温度不应低于5℃。

5.6.8 记录冬期施工的日记除按常规要求外，还应记载室外空气温度，灌孔时灌孔浆料温度，外加剂掺量及其他有关资料。

5.6.9 构造柱混凝土的冬期施工应按现行行业标准《建筑工程冬期施工规程》JGJ/T 104和现行国家标准《混凝土结构工程施工质量验收规范》GB 50204中有关规定执行。

5.7 文明安全施工

5.7.1 模卡砌块墙体施工的安全技术要求必须遵守现行建筑工程安全技术规定。

5.7.2 在楼面装卸和堆放模卡砌块时，严禁倾卸和抛掷，并不得撞击楼板。

5.7.3 堆放在楼面上的模卡砌块，灌孔浆料等施工荷载不得超过楼面的设计允许承载力，否则应对楼板采取加固措施。

5.7.4 灌筑模卡砌块或进行其他施工时，不得站在墙上操作。

5.7.5 尚未施工的楼板或屋面的墙，在可能遇到大风时，其允许自由高度不得超过表 5.7.5 的规定；否则，必须加设临时支撑等有效措施。

表 5.7.5 墙的允许自由高度(m)

墙厚度(mm)	模卡砌块砌体密度>1600kg/m³			模卡砌块砌体密度 1300kg/m²～1600kg/m³		
	风载(kN/m²)			风载(kN/m²)		
	0.3(约7级风)	0.4(约8级风)	0.5(约9级风)	0.3(约7级风)	0.4(约8级风)	0.5(约9级风)
200(225)	2.0	1.6	1.2	1.4	1.1	0.7
240	2.8	2.1	1.4	2.2	1.7	1.1
400	5.2	3.9	2.6	4.2	3.2	2.1
490	8.6	6.5	4.3	7.0	5.2	3.5
600	14.0	10.5	7.0	11.4	8.6	5.7

注：1 本表适用于施工处相对标高(H)在 10m 范围内的情况。如 10m<H≤15m，15m<H≤20m 表内的允许自由高度值应分别乘以 0.9，0.8；如 H>20m 时，应通过抗倾覆验算确定其允许自由高度。

2 当所灌筑的墙有横墙或其他结构与其连接，而且间距小于表列限值的 2 倍时，灌筑高度可不受本表限制。

3 当模卡砌块砌体密度小于 1300kg/m³时，墙的允许自由高度应另行验算确定。

5.7.6 施工中，如需在砌体中设置临时施工洞口，其洞边离交接处的墙面距离不应小于600mm，并距洞高每40mm的两侧应各设2ϕ6拉结钢筋，同时在洞顶应设钢筋混凝土过梁。

5.7.7 射钉枪弹的使用与保管必须符合有关部门的规定，严禁误伤他人。

6 验收

6.1 一般规定

6.1.1 模卡砌块砌体工程质量验收除执行现行国家标准《砌体结构工程施工质量验收规范》GB 50203、《建筑工程施工质量验收统一标准》GB 50300 和现行上海市工程建设规范《建筑节能工程施工质量验收规程》DGJ 08－113 的基本规定外，还应执行本节的规定。

6.1.2 模卡砌块砌体分项工程的验收，应在检验批验收合格后进行。

6.1.3 砌体结构工程检验批的划分应符合下列规定：

1 所用材料类型及同类型材料的强度等级应相同。

2 每批不应超过 250m^3 砌体。

3 主体结构砌体一个楼层（基础砌体可按一个楼层计）应为一个检验批，填充墙砌体量少时可多个楼层合并为一个检验批。

6.1.4 检验批质量验收应按主控项目和一般项目验收，验收标准应按国家砌体工程有关验收标准执行，检验批的质量验收记录可按本标准附录 B 的要求进行。

6.1.5 分项工程质量验收合格，应符合下列规定：

1 分项工程所含的检验批均应符合合格质量的规定。

2 分项工程所含的检验批的质量验收记录应完整。

6.1.6 砌体工程验收前，应提供下列文件和记录：

1 设计文件、图纸会审记录、设计变更和节能专项审查文件。

2 施工执行的技术标准。

3　原材料、购配件的产品质量合格证，出厂检验报告及产品性能进场复试报告等。

4　施工记录。

5　各检验批、分项工程质量验收记录。

6　施工质量控制资料。

7　隐蔽工程验收记录。

8　重大技术问题处理的技术文件。

9　其他必须提供的资料。

6.1.7　当砌体工程质量不符合要求时，应按现行国家标准《建筑工程施工质量统一验收标准》GB 50300 规定执行。

6.2　主控项目

6.2.1　模卡砌块砌体工程的材料、构件等，其品种、规格及热工性能应符合设计要求和相关标准的规定。

抽检数量：按进场批次，每批随机抽取 3 个试样进行检查；质量证明文件应按照其出厂检验批进行核查。

检验方法：观察、尺量检查；核查质量证明文件。

6.2.2　模卡砌块和灌孔浆料的强度等级及保温材料的燃烧性能、导热系数、干密度、压缩强度和厚度等保温性能应符合设计要求，在材料进场时应对其进行复验。

抽检数量：

1　强度等级：每 1.0 万块模卡砌块至少应抽检 1 组。用于多层以上建筑基础和底层的模卡砌块抽检数量不应少于 2 组。灌孔浆料的抽检数量每批不应超过 250m^3 砌体，不同强度等级灌孔浆料，至少应各制作 1 组试块，同一验收批中同强度等级灌孔浆料各组试块的平均抗压强度不得低于设计强度等级值的 1.1 倍，其中抗压强度最小一组的平均值不得低于设计强度等级值的 85%。

2 保温性能:按同一厂家、同一品种的产品,每6000m^2建筑面积(或保温面积5000m^2),抽样不少于1次,不足6000m^2建筑面积(或保温面积5000m^2)也应抽样1次;单位建筑面积在6000m^2～12000m^2(或保温面积5000m^2～10000m^2)的工程,抽样数不少于2次;建筑面积在12000m^2～20000m^2(或保温面积10000m^2～15000m^2)的工程,抽样数不得少于3次;建筑面积在20000m^2(或保温面积15000m^2)以上的工程,每增加10000m^2建筑面积,抽样数不得少于1次。抽样应在外观质量合格的产品中抽取。

检验方法:随机抽样送检;核查复验报告。

6.2.3 插入保温模卡砌块内的保温板除必须满足设计要求外,还应对插入保温板的燃烧性能、压缩强度、干密度及厚度进行复验,复验应为见证取样送检。

抽检数量:检验面积应不少于施工总面积的5%;检查点数应为每10m^2不少于1个点,总检查点数不应少于5个。

检验方法:核查隐蔽工程验收记录,随机抽样送检;核查复验报告。

6.2.4 模卡砌块砌体工程的施工应符合设计要求和相关标准的规定,模卡砌块自保温系统的保温材料厚度应符合设计要求。

抽检数量:每检验批抽查不少于3处,应检验保温材料的平均厚度及最小厚度。

检验方法:观察;核查隐蔽工程验收记录;锤击法、超声波检测法或取芯法检验。

6.2.5 墙体转角处和纵横墙交接处钢筋混凝土构造柱设置应符合设计要求。

抽检数量:每检验批抽20%交接处,且不宜少于5处。

检验方法:观察检查。

6.3 一般项目

6.3.1 模卡砌块砌体的尺寸允许偏差应符合表6.3.1的规定。

表6.3.1 模卡砌块砌体尺寸允许偏差

项次	项目		允许偏差（mm）	检验方法	抽检数量
1	基础、墙、柱顶面标高		±15	用水平仪和尺检查	不应少于5处
2	表面平整度	清水墙、柱	5	用2m靠尺和楔形塞尺检查	不应少于5处
		混水墙、柱	8		
3	门窗洞口高、宽(后塞口)		±10	用尺检查	不应少于5处
4	外墙上下窗口偏移		20	以底层窗口为准，用经纬仪或吊线检查	不应少于5处
5	榫接平直度	清水墙	5	拉10m线和尺检查	不应少于5处
		混水墙	8		

6.3.2 模卡砌块砌体的位置及垂直度允许偏差应符合表6.3.2的规定。

表6.3.2 模卡砌块砌体的位置及垂直度允许偏差

项次	项目			允许偏差（mm）	检验方法	抽检数量
1	轴线位置偏移			10	用经纬仪和尺检查，或用其他测量仪器检查	承重墙、柱全数检查
2	垂直度	每层		5	用2m托线板检查	不应少于5处
		全高	≤10m	10	用经纬仪、吊线和尺检查，或用其他测量仪器检查	外墙全部阳角
			>10m	20		

抽检数量：外墙垂直度全高查阳角，不应少于4处，每层每20m查1处；内墙按有代表性的自然间抽10%，但不应少于3间，每间不应少于2处，柱不少于5根。

6.3.3 热桥部位的保温材料的施工质量应符合现行上海市地方标准《建筑节能工程施工质量验收规程》DBJ 08－113及其他相应标准的要求。

7 模卡砌块预制墙

7.1 一般规定

7.1.1 本章适用于非承重模卡砌块预制墙的设计、施工与验收。

7.1.2 预制墙的设计、施工和验收应符合本标准第1～6章的相关规定，同时应符合下列规定：

1 在满足建筑使用功能的前提下，应遵循模数的要求，进行优化设计。

2 墙体与结构应可靠连接，并应满足耐久性要求。

3 应满足制作、运输、堆放、安装及质量控制要求。

7.1.3 预制墙设计应满足建筑、结构和机电设备等各个专业的要求。

7.2 设 计

7.2.1 预制墙的设计截面应简单、规整，宜采用一字形。墙体的尺寸及洞口的布置应考虑墙体的稳定性及制作、运输、吊装的控制要求。墙体平面划分尺寸宜为模卡砌块尺寸的整数倍。

7.2.2 楼层预制墙与主体结构的连接，应符合本标准第4.3.20～4.3.22条的要求，并应符合下列规定：

1 预制墙吊装就位前应在找平后基层面上用20mm厚强度不低于M25预拌砌筑砂浆坐浆。

2 预制墙的水平钢筋应与框架柱或构造柱可靠连接。

7.2.3 单片预制墙不宜过长，预制墙长大于5m时，宜设置后浇混凝土构造柱连接，墙体水平连接钢筋每隔450mm～600mm设置 2ϕ6 拉筋，并在构造柱中应可靠锚固。构造柱最小截面可采用 200mm×200mm，纵向钢筋不宜小于 4ϕ12，箍筋直径不应小于 ϕ6，间距不宜大于 250mm，且在柱上下端应加密。

7.2.4 为加强预制墙与主体结构的拉结而设置圈梁时，预制墙顶部的灌浆面应低于模卡砌块内卡口以下 40mm～60mm 处，现浇圈梁混凝土应灌入砌块内。

7.2.5 预制墙门窗洞口周边应设置加强措施，宜在门窗洞口的上端或下端设置钢筋混凝土带，钢筋混凝土带的混凝土强度等级不小于 C20。门、窗洞口两侧墙体，在模卡砌块主孔洞内插不小于 1ϕ12(保温模卡砌块不小于 2ϕ10)钢筋，并用 Cb20 灌孔混凝土灌实。

7.2.6 预制墙预埋件应进行承载力设计，外露金属件应按不同环境类别进行封闭或防腐、防锈、防火处理，并应符合耐久性要求。

7.2.7 预制墙在运输、吊运、安装等短暂设计状况下的施工演算，应将墙体自重标准值乘以动力系数作为等效荷载标准值，运输、吊运时，动力系数宜取 1.5，安装过程中就位、临时固定时，动力系数可取 1.2。

7.3 制作与运输

Ⅰ 制 作

7.3.1 预制墙用的模卡砌块、混凝土、灌浆料、保温板和钢筋等原材料应满足本标准和相应国家现行规范、标准的要求，具有产品质量证明文件。

7.3.2 预制墙制作前，应根据技术要求制定制作方案，制作方案应包括制作工艺、制作计划、技术质量控制措施、起吊方案、堆放及运输方案等内容。

7.3.3 预制墙制作应符合下列要求：

1 预制墙在制作前应绘制墙体的排块图，砌块错缝搭砌，企口榫接，并按照设计要求设置钢筋、预埋件、管线和保温板等。预制墙在浇筑灌浆料前，应检查以下项目：

1）钢筋型号、规格、数量、位置、间距、连接方式、搭接长度、接头位置、钢筋弯折角度等。

2）预埋件、吊环、插筋的型号、规格、数量、位置。

3）预埋管线、线盒的规格、数量、位置及固定措施。

4）砌块的搭砌、保温板的位置及厚度。

2 预制墙在浇筑灌浆料时，墙体两端应设置封堵措施。

3 预制墙灌筑的方法和要求应满足本标准的相关要求。

7.3.4 预制墙生产单位应对模卡砌块和保温板进行检验，检验合格后方可使用。

1 同厂家，每1万块模卡砌块为1个检验收批，不足1万块按一批计，抽检数量为1组，检验的项目包括砌块的强度等级、尺寸允许偏差和外观质量。

2 同厂家、同品种、同规格保温板每5000m²为1个检验批，检验项目应包括厚度、干密度、抗压强度、体积吸水率、导热系数和燃烧性能等级，检验结果应符合设计、本标准和相关标准的要求。

Ⅱ 检　验

7.3.5 预制墙的外观质量不应有影响结构性能或安装使用功能等的严重缺陷，且不宜有一般缺陷，按表7.3.5划分严重缺陷和一般缺陷。对于一般缺陷，应进行相应技术处理，并应重新检验。

表 7.3.5 预制墙外观质量检查

名称	严重缺陷	一般缺陷	检验方法
裂缝	裂缝从砌块表面延伸到内部灌孔浆料内部，影响结构受力性能或使用功能	裂缝仅少数在砌块表面，不影响结构性能或使用功能	观察、尺量
疏松	在墙体中的主要受力部位灌孔浆料不密实	在不影响墙体受力的次要灌孔浆料局部疏松	
孔洞	在主要受力部位有深度和长度超过砌块壁厚的孔洞	在非受力部位有孔洞	
外形缺陷	清水墙砌块缺棱掉角，翘曲不平	其他墙砌块缺棱掉角，翘曲不平	

7.3.6 预制墙的尺寸偏差和检验方法应符合表 7.3.6 的规定。

表 7.3.6 预制墙尺寸允许偏差和检验方法

项目		允许偏差(mm)	检验方法
墙长度		±8	尺量检查
墙的高度、厚度		±5	钢尺量一端及中部，取其中偏差绝对值较大的
墙表面平整度		6	2m 靠尺和塞尺检查
墙侧向弯曲		$L/1000$ 且≤20	拉线、钢尺量最大侧向弯曲处
墙翘曲		$L/1000$	调平尺在两端量测
对角线	墙、门窗口对角线差	10	钢尺量两个对角线
预留孔	中心位置	5	尺量检查
	孔尺寸	±5	
预留洞	中心位置	10	尺量检查
	口尺寸、深度	±10	

续表 7.3.6

项目		允许偏差(mm)	检验方法
预埋件	预埋板中心线位置	5	尺量检查
	预埋板与砌块墙面高差	0,−5	
	预埋螺栓	2	
	预埋螺栓外露长度	+10,−5	
	线管、电盒、木砖、吊环在墙平面的中心位置偏差	20	
	线管、电盒、木砖、吊环在墙表面高差	0,−10	
	预留插筋中心线位置	5	尺量检查

注:L 为构件长度,单位为 mm。

7.3.7 装饰面砖与预制墙基面的粘结强度应符合现行行业标准《建筑工程饰面砖粘结强度检验标准》JGJ 110 和《外墙面砖工程施工及验收规范》JGJ 126 等的规定。

7.3.8 预制墙检验合格后,应在墙体构件上设置标识,标识的内容包括墙片编号、制作日期、合格状态、生产单位等信息。

Ⅲ 运输与堆放

7.3.9 预制墙的运输应结合运输路线,考虑运输墙片的固定要求、保护措施。应符合下列要求:

1 墙片应采取直立运输方式,与地面倾斜角度宜大于 80°。

2 运输过程中应有防止墙片移动、碰撞、倾倒等固定措施。

3 运输过程中应有防止墙片损坏的措施,墙片底部或是墙片上部应设置垫块及墙片之间应设置防止墙体间摩擦碰撞等的保护措施。

4 墙片门窗洞口等薄弱部位应采取防止变形开裂的临时加固措施。

5 运输采用的插放架或靠放架应通过计算确定并应具有足够的强度、刚度和稳定性,支垫应稳固。

7.3.10 预制墙的堆放应符合以下规定:

1 场地应平整、坚实,应有排水措施;

2 墙体宜垂直堆放,并应有防止墙片倾覆的措施。

7.3.11 预制墙在存放和运输过程中宜采取遮挡防雨措施。

7.4 施工

Ⅰ 一般规定

7.4.1 预制墙施工应制定施工方案,应包括墙体吊装的安全性验算、临时支撑形式及安全性验算、安装定位及节点施工方案,并应制定质量管理和安全措施,应规划运输通道和临时堆放场地。

7.4.2 预制墙施工全过程应有防止墙体构件损伤和污染的保护措施,未经允许不得对预制墙体进行切割、开洞。

7.4.3 预制墙的吊装应满足下列要求:

1 预制墙的吊装吊具应按国家现行有关标准的规定进行设计、验算或试验检验;可采用墙片吊具或预埋吊环的起吊方式,吊索的水平夹角不宜小于60°,并保证吊机主钩位置、吊具及墙板重心在竖直方向重合。

2 预制墙吊装前,吊装设备和吊具应处于安全操作状态,墙体达到设计强度方可吊装。

7.4.4 预制墙的安装与连接应满足下列要求:

1 安装施工前,应核对预制墙的砌块强度、预制墙体的型号、规格、数量等符合设计要求。

2 预制墙安装前,应进行测量放线、设置墙体安装定位标识。

3 安装施工前,应复核墙体装配位置、节点连接构造、临时支撑方案、吊装设备及吊具的安全操作状态。

4 在墙体的搁置位置，应坐浆厚度20mm。

5 墙体吊装就位后，应及时校准并采取临时固定措施。墙体与吊具的分离应在校准定位及临时固定措施安装完成后进行。临时固定措施应在墙体连接部位的混凝土及灌孔浆料的强度达到设计要求后，方可拆除。

7.4.5 预制墙施工前，宜选择代表性预制墙进行试安装，并应根据安装结果及时完善施工方案。

7.4.6 预制墙的施工过程中应采取安全措施，并应符合现行行业标准《建筑施工高处作业安全技术规范》JGJ 80、《建筑机械使用安全技术规程》JGJ 33 等相关规定。

7.4.7 预制墙安装过程中应按照现行行业标准《建筑施工安全检查标准》JGJ 59、《建筑施工现场环境与卫生标准》JGJ 146 和现行上海市工程建设规范《现场施工安全生产管理规范》DGJ 08－903 等安全、职业健康和环境保护的有关规定执行。

Ⅱ 施工准备

7.4.8 施工前，应根据施工平面规划设置施工现场的运输通道和存放场地，并应符合下列规定：

1 现场运输道路和存放堆场应平整、坚实，并有排水措施，道路应按照运输车辆的要求合理设置转弯半径和坡度。

2 预制墙按使用部位、吊装顺序堆放，并考虑吊车的有效起重范围。预制墙装卸、吊装工作范围内不应有障碍物。

3 构件存放应保证安全、利于保护、便于检验并有防止墙片倾覆的措施，并应满足周转使用要求。

7.4.9 预制墙安装施工前，应核对砌块及灌孔混凝土强度、外观质量、尺寸偏差等内容，核对要求应满足本标准的相关规定。

7.4.10 预制墙安装施工前，尚应进行如下准备工作：

1 清理安装部位，测量放线，设置墙板安装定位标识。

2 复核墙安装位置、节点连接构造、临时支撑方案等。

3　复核吊装设备及吊具处于安全操作状态，现场环境、天气、道路等的状况应满足吊装施工要求。

Ⅲ　安装和连接

7.4.11　预制墙安装施工前，应对作业面连接钢筋进行检查，检查连接钢筋的规格、数量、位置、长度等。当被连接钢筋倾斜或弯曲时，应根据设计进行校正。

7.4.12　预制墙的吊装施工应符合下列规定：

1　吊装起重设备应按施工方案配置，并经验收合格。

2　墙板竖向起吊点不应少于2个，吊点的位置设置应使吊具受力均衡。

3　正式吊装作业前，应先试吊确认可靠后，方可正式作业。

4　预制墙在吊运过程中应保持平衡、稳定。吊装时应采用慢起、快升、缓放的操作方式，先将墙板吊起离地面200mm～300mm，将墙板调平后再快速平稳地吊至安装部位上方，由上而下缓慢落下就位。

5　预制墙吊装时，起吊、回转、就位与调整各阶段应有可靠的操作与防护措施，以防墙板发生碰撞扭转与变形。

6　预制墙吊装就位后，应及时校准并采取临时固定措施。

7.4.13　预制墙安装过程中的临时固定措施应符合下列规定：

1　预制墙的临时固定采用临时支撑，每片墙的临时支撑不应少于2道，间距不宜大于4m，每道临时支撑由上部支撑及下部支撑组成。

2　预制墙上部支撑的支撑点至墙板底部的距离不宜小于墙板高度的2/3，且不应小于墙板高度的1/2。

3　预制墙上部支撑与水平面的夹角一般为45°～60°，应经承载能力及稳定性验算选择合适的规格。

4　支撑杆端部与预制墙或地面预埋件的连接应选择便捷、牢固，既可承受拉力又可承受压力的连接形式，并可通过临时支撑微调墙板的平面位置及垂直度。

5 预制墙临时固定措施的拆除应在墙板与结构可靠连接，且确保混凝土结构达到后续施工承载要求后进行。

7.4.14 预制墙与现浇混凝土连接的施工，浇筑混凝土前，应清除墙板结合面的浮浆、松散骨料和污物以及其他杂物，并洒水湿润。

7.5 验 收

Ⅰ 一般规定

7.5.1 预制墙验收除应符合本标准的规定外，尚应符合现行国家标准《混凝土结构工程施工质量验收规范》GB 50204、《砌体工程施工及质量验收规程》GB 50203、《建筑节能工程施工质量验收规范》GB 50411 和现行上海市工程建设规范《建筑节能工程施工质量验收规程》DGJ 08－113 的有关规定。

7.5.2 预制墙的饰面质量应符合设计要求，并符合现行国家标准《建筑装饰装修工程质量验收标准》GB 50210 的相关规定。

7.5.3 预制墙安装工程质量验收时，应提供相关的设计文件。

Ⅱ 进场验收

主控项目

7.5.4 预制墙进场时应检查出厂合格证和质量证明文件。

1 出厂合格证应包含下列内容：

1）出厂合格证编号和预制墙编号。

2）预制墙数量、型号。

3）预制墙质量情况，包括外观质量、尺寸允许偏差和砌块抗压强度。

4）生产单位名称、生产日期、出厂日期。

5）检验员签名或盖章，可用检验员代号表示。

2 质量证明文件应包含保温板检验报告、连接件锚入砌块的抗拉拔和抗剪性能检验报告。

检查数量：按批检查。

检验方法：检查出厂合格证和质量证明文件。

7.5.5 预制墙的外观质量符合表7.3.5的规定，不应有严重缺陷。

检查数量：全数检查。

检验方法：观察，尺量；检查处理记录。

7.5.6 预制墙上的预埋件、预留插筋、预埋管线等的规格和数量以及预留孔、预留洞的数量应符合设计要求，检验方法和允许偏差应符合表7.3.6的规定。

检查数量：全数检查。

检验方法：观察。

7.5.7 预制墙上预留钢筋的品种、规格、数量和设置部位应符合设计要求。

检查数量：全数检查。

检验方法：检查钢筋的合格证书、钢筋性能复试试验报告、隐蔽工程记录。

7.5.8 预制墙表面面砖饰面与砌块的粘接性能应符合设计要求和国家现行有关标准的规定。

检查数量：按批检查。

检验方法：检查拉拔强度检验报告。

一般项目

7.5.9 预制墙应有出场标识，出厂标识应包括工程名称、产品名称、型号、编号、生产日期、生产单位和合格章。

检查数量：全数检查。

检验方法：观察。

7.5.10 预制墙的外观质量不应有一般缺陷，对出现的一般缺陷应要求墙板生产单位按技术处理方案进行处理，并重新检查验收，应符合表 7.3.5 的规定。

检查数量：全数检查。

检验方法：观察，检查处理记录。

7.5.11 预制墙的尺寸偏差及检验方法应符合表 7.3.6 的规定；设计有专门规定时，尚应符合设计要求。施工过程中临时使用的预埋件，其中心线位置允许偏差可取表 7.3.6 中规定数值的 2 倍。

检查数量：同一类型的构件，不超过 100 件为 1 批，每批应抽查构件数量的 5%，且不应少于 3 件。

Ⅲ 安装和连接

主控项目

7.5.12 预制墙临时固定措施应符合设计、专项施工方案要求及国家现行有关标准的规定。

检查数量：全数检查。

检验方法：观察，检查施工方案、施工记录或设计文件。

7.5.13 预制墙采用现浇混凝土连接时，连接处后浇混凝土的强度应符合设计要求。

检查数量：按现行国家标准《混凝土结构工程施工质量验收规范》GB 50204 中相关的规定确定。

检验方法：检查混凝土强度试验报告。

7.5.14 预制墙施工后，其外观质量不应有严重缺陷，且不应有影响结构性能和安装、使用功能的尺寸偏差。

检查数量：全数检查。

检验方法：观察，量测；检查处理记录。

7.5.15 预制墙底部坐浆强度应满足设计要求。

检查数量：按批检验，以每层为一检验批，每工作班应制作

1组且每层不应少于3组边长为70.7mm的立方体试件，标准养护28d进行抗压强度试验。

检验方法：检查坐浆材料强度试验报告及评定记录。

7.5.16 预制墙预留拉结钢筋的规格、尺寸、数量及位置应正确，钢筋的连接方式及锚固长度应符合设计要求。

检查数量：按批检验，以每层为一检验批，每检验批抽查不应少于5处。

检验方法：观察检查和尺量检查。

一般项目

7.5.17 预制墙施工后，其外观质量不应有一般缺陷。

检查数量：全数检查。

检验方法：观察，检查处理记录。

7.5.18 预制墙施工后，预制墙位置、尺寸偏差及检验方法应符合设计要求；当设计无具体要求时，应符合表7.5.18的规定。预制构件与现浇结构连接部位的表面平整度应符合表7.5.18的规定。

检查数量：按楼层、结构缝或施工段划分检验批。在同一检验批内，应按有代表性的自然间抽查10%，且不应少于3间。

表7.5.18 预制墙位置和尺寸允许偏差及检验方法

项目	允许偏差(mm)	检验方法
构件轴线位置	8	经纬仪及尺量
标高	±5	水准仪或拉线、尺量
墙垂直度	5	2m靠尺和塞尺检查
相邻墙的平整度	8	2m靠尺和塞尺测量
支座中心位置	10	调平尺在两端量测

7.5.19 预制外墙接缝、预留孔洞封堵处的防水性能应符合设计要求。

检查数量:按批次检验。每 1000m^2 外墙面积划分 1 个检验批,不足 1000m^2 时,也应划分 1 个检验批;每个检验批每 100m^2 应至少抽查 1 次,每处不少于 10m^2。

检验方法:检查现场淋水试验报告。

附录A　影响系数

模卡砌块砌体矩形截面单向偏心受压构件承载力的影响系数见表A。

表A　影响系数 φ(灌浆材料强度不低于Mb5)

β	e/h 或 e/h_T													灌孔浆料强度等级
	0.000	0.025	0.050	0.075	0.100	0.125	0.150	0.175	0.200	0.225	0.250	0.275	0.300	
≤3	1.000	0.990	0.970	0.940	0.890	0.840	0.790	0.730	0.680	0.620	0.570	0.520	0.480	不低于Mb5
4	0.980	0.950	0.900	0.850	0.800	0.740	0.690	0.640	0.580	0.530	0.490	0.450	0.410	
6	0.950	0.910	0.860	0.810	0.750	0.690	0.640	0.590	0.540	0.490	0.450	0.420	0.380	
8	0.910	0.860	0.810	0.760	0.700	0.640	0.590	0.540	0.500	0.460	0.420	0.390	0.360	
10	0.870	0.820	0.760	0.710	0.650	0.600	0.550	0.500	0.460	0.420	0.390	0.360	0.330	
12	0.820	0.770	0.710	0.660	0.600	0.550	0.510	0.470	0.430	0.390	0.360	0.330	0.310	
14	0.770	0.720	0.660	0.610	0.560	0.510	0.470	0.430	0.400	0.360	0.340	0.310	0.290	
16	0.720	0.670	0.610	0.560	0.520	0.470	0.440	0.400	0.370	0.340	0.310	0.290	0.270	
18	0.670	0.620	0.570	0.520	0.480	0.440	0.400	0.370	0.340	0.310	0.290	0.270	0.250	
20	0.620	0.570	0.530	0.480	0.440	0.400	0.370	0.340	0.320	0.290	0.270	0.250	0.230	
22	0.580	0..530	0.490	0.450	0.410	0.380	0.350	0.320	0.300	0.270	0.250	0.240	0.220	
24	0.540	0.490	0.450	0.410	0.380	0.350	0.320	0.300	0.280	0.260	0.240	0.220	0.210	
26	0.500	0.460	0.420	0.380	0.350	0.330	0.300	0.280	0.260	0.240	0.220	0.210	0.190	
28	0.460	0.420	0.390	0.360	0.330	0.300	0.280	0.260	0.240	0.220	0.210	0.190	0.180	
30	0.420	0.390	0.360	0.330	0.310	0.280	0.260	0.240	0.220	0.210	0.200	0.180	0.170	

附录B 混凝土模卡砌块工程检验批质量验收记录

表B 混凝土模卡砌块工程检验批质量验收记录

单位工程名称		分项(分部)工程名称		验收部位	
施工单位			项目经理		
施工执行标准名称及编号			专业工长		
分包单位			施工班组组长		
质量验收规范的规定			施工单位检查评定记录	监理(建设)单位验收记录	
主控项目	1. 模卡砌块强度等级	设计要求 MU			
主控项目	2. 灌孔浆料强度	设计要求 Mb			
主控项目	3. 灌浆密实度	第 6.2.4 条			
主控项目	4. 墙体交接处处理	第 6.2.5 条			
主控项目	5. 保温材料合格证	第 6.2.1 条			
主控项目	6.				
主控项目	7.				
主控项目	8. 轴线位置	≤10mm			
主控项目	9. 垂直度(每层)	≤5mm			
一般项目	1. 基础顶面和楼面标高	±15mm 以内			
一般项目	2. 墙面表面平整度	6mm			
一般项目	3. 门窗洞口	±5mm 以内			
一般项目	4. 窗口偏移	20mm 以内			
一般项目	5. 墙面卡扣接缝平直度	8mm			
施工单位检查评定结果		项目专业质量检查员: 年 月 日			
监理(建设)单位验收结论		监理工程师(建设单位项目技术负责人): 年 月 日			

注:本表由施工项目专业负责检查员填写,监理工程师(建设单位项目技术负责人)组织项目专业质量(技术)负责人等进行验收。

附录C 配筋模卡砌块

C.1 材 料

C.1.1 配筋模卡砌块的强度等级应采用MU10,MU15,MU20。

C.1.2 灌孔混凝土强度等级应采用Cb20,Cb25,Cb30,Cb35,Cb40,灌孔混凝土骨料最大粒径不应大于16mm,灌孔混凝土强度等级应等同于细石混凝土强度等级,其强度指标相同,混凝土的坍落度宜控制在230mm～250mm。

C.1.3 钢筋可采用HRB400,HRB500,HPB300,也可采用HRBF400,HRBF500,RRB400,HRB335的钢筋。

C.2 砌体的计算指标

C.2.1 配筋普通模卡砌块主规格尺寸为400mm×200mm×150mm;配筋保温模卡砌块主规格尺寸为400mm×280mm(受力块体宽度为215mm)×150mm。龄期为28d的灌孔混凝土灌筑的模卡砌块的砌体抗压强度设计值 f_g 按表C.2.1规定采用。

表C.2.1 配筋模卡砌块砌体抗压强度设计值(MPa)

砌块强度等级	灌孔混凝土强度等级		
	Cb35	Cb30	Cb25
MU15	9.62	8.90	8.18
MU10	—	—	6.36

C.2.2 当施工质量控制等级为B级时,龄期为28d的灌孔配筋模卡砌体抗剪强度设计值,按下式采用:

$$f_{gv}=0.2f_g^{0.55} \quad (C.2.2)$$

C.2.3 灌孔混凝土砌体的弹性模量

$$E=2000f_g \quad (C.2.3)$$

C.2.4 配筋模卡砌块的干表观密度为 $990kg/m^3 \sim 1200kg/m^3$。

C.2.5 配筋模卡砌块砌体的燃烧性能和耐火极限为 4h,燃烧性能属于 A 级。

C.2.6 配筋模卡砌块砌体的隔声指数 $I_a=50dB$。

C.2.7 配筋保温模卡砌块墙体,其传热系数(K_p)应按表 C.2.7 的要求取值。

表 C.2.7 配筋保温模卡砌块墙体传热系数(K_p)值

砌块厚度 (mm)	孔内插 EPS 板厚度 (mm)	外墙传热系数 [W/(m²·K)]	内墙传热系数 [W/(m²·K)]
280	外侧 30 厚,内侧 25 厚	0.929	0.872

注 1 墙体粉刷均为 20mm 厚的水泥砂浆双面粉刷,蓄热系数 S_c 取 2.76W/(m²·K)。

2 孔内插 EPS 板(B1 级)的导热系数 0.039 W/(m²·K)。

C.3 设计基本规定

C.3.1 配筋模卡砌块砌体剪力墙结构的内力与位移分析可采用弹性分析方法,应根据荷载效应的基本组合或偶然组合按承载能力极限状态设计,并满足正常使用状态的要求。

C.3.2 剪力墙静力计算按现行行业标准《混凝土小型空心砌块建筑技术规程》JGJ/T 14 的相关规定执行,外挂部分不计入有效受力截面计算。

C.3.3 配筋模卡砌块砌体抗震设计按现行国家标准《建筑抗震设计规范》GB 50011、现行行业标准《混凝土小型空心砌块建筑技术规程》JGJ/T 14 和现行上海市工程建设规范《建筑抗震设计规范》DGJ 08－9 的相关规定执行。

C.4 构造措施

C.4.1 钢筋的规格应符合下列要求：

1 钢筋的直径不宜大于 25mm，在其他部位不应小于 10mm，配置在孔洞的竖向钢筋面积不应大于孔洞面积的 5%。

2 两平行的水平钢筋间的净距不应小于 50mm；两平行的水平钢筋间应设不小于ϕ 4 拉结筋，水平间距不应大于 600mm，在配筋保温模卡砌块中的水平钢筋的钢筋外侧距离保温板内侧不宜小于 10mm。

3 在边缘构件应设置箍筋，箍筋不应小于 6mm，箍筋最大间距 150mm，最小直径ϕ 6，箍筋设置在砌块下卡肩的弧形凹槽的布置，应采用搭接焊网片形式。

C.4.2 配筋模卡砌块砌体抗震墙内竖向和水平分布钢筋的搭接长度不应小于 48 倍钢筋直径，竖向钢筋的锚固长度不应小于 42 倍钢筋直径。

C.4.3 墙肢的端部应设置边缘构件，构造边缘构件的配筋范围：无翼墙端部为 3 孔配筋，L 形转角节点为 3 孔配筋，T 形转角为 4 孔配筋。底部加强部位的轴压比在二、三级大于 0.3 时，应设置约束边缘构件。底部加强部位的轴压比，一级大于 0.2 和二、三级大于 0.3 时，应设置约束边缘构件，约束边缘构件的范围应沿受力方向比构造边缘构件增加 1 孔，水平箍筋应相应加强，也可采用钢筋混凝土边框柱。

表 C.4.3 边缘构件的配筋要求

抗震等级	每孔纵向钢筋最小量		箍筋最小直径 (mm)	箍筋最大间距 (mm)
	底部加强部位	一般部位		
一	1ϕ20	1ϕ18	ϕ8	150
二	1ϕ18	1ϕ16	ϕ6	150
三	1ϕ16	1ϕ14	ϕ6	150
四	1ϕ14	1ϕ12	ϕ6	150

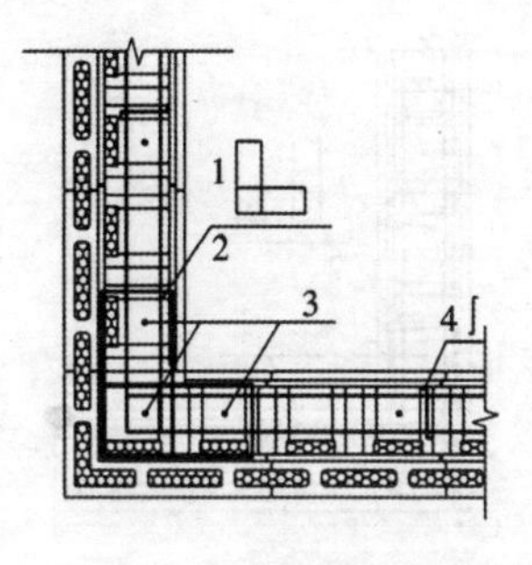

图 C. 4. 3-1 L形外墙构造边缘构件

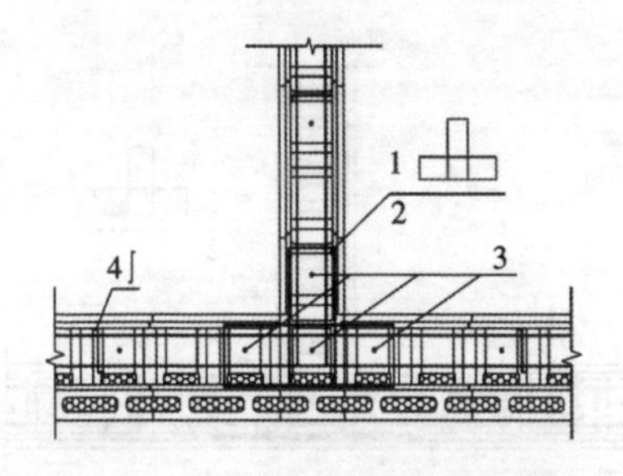

图 C. 4. 3-2 T形外墙构造边缘构件

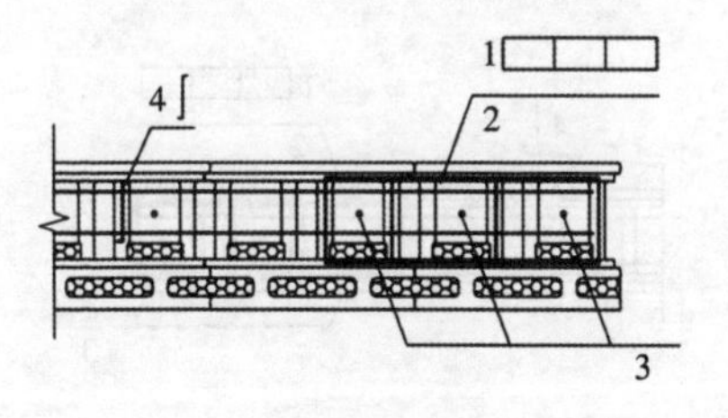

图 C. 4. 3-3 无翼缘外墙构造边缘构件

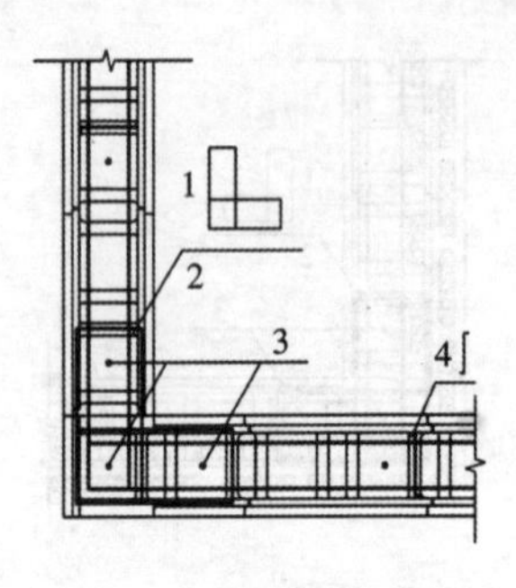

图 C.4.3-4　L形内墙构造边缘构件

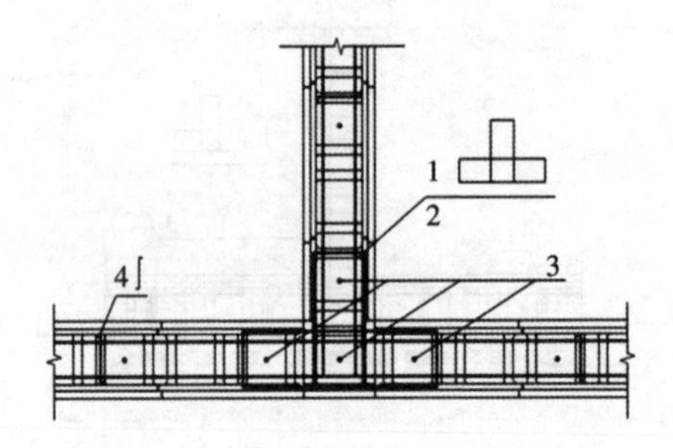

图 C.4.3-5　T形内墙构造边缘构件

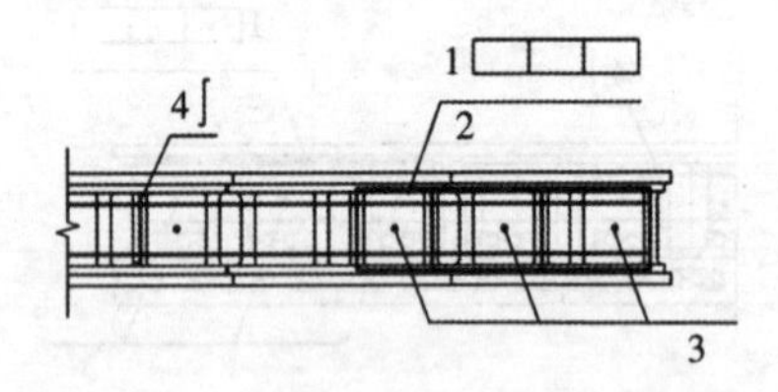

图 C.4.3-6　无翼缘内墙构造边缘构件

1—水平箍筋;2—芯柱区;3—芯柱纵筋;4—拉筋

C.4.4 墙在重力荷载代表值作用下的轴压比，应符合下列要求：

1 一级(7,8 度)不宜大于 0.5，二、三级不宜大于 0.6。

2 短肢墙体全高范围，一级不宜大于 0.5，二、三级不宜大于 0.6；对于无翼缘的一字形短肢墙，其轴压比限值应相应降低 0.1。

3 各向墙肢截面均为 $3b<h<5b$ 的小墙肢，一级不宜大于 0.4，二、三级不宜大于 0.5，其全截面竖向钢筋的配筋率在底部加强部位不宜小于 1.2%，一般部位不宜小于 1.0%。对于无翼缘的一字形独立小墙肢，其轴压比限值应相应降低 0.1。

4 多层房屋(总高度小于等于 18m)的短肢墙及各向墙肢截面均为 $3b<h<5b$ 的小墙肢的全部竖向钢筋的配筋率，底部加强部位不宜小于 1%，其他部位不宜小于 0.8%。

C.4.5 应控制配筋砌体剪力墙平面外的弯矩，配筋砌体剪力墙平面外的轴向力偏心距 e 按内力设计值计算不应超过 $0.7y$。当剪力墙肢的平面外方向梁的偏心距大于此限制，或是保温配筋模卡砌块墙体出现对保温一侧的平面外偏心受压时，应采取下列措施之一：

1 沿梁轴线方向设置与梁相连的配筋砌体剪力墙，抵抗该墙肢平面外弯矩。

2 当不能设置时，可将梁端与墙连接作为铰接处理，并采取相应梁与墙铰接的构造措施。

C.4.6 配筋砌体抗震墙的水平分布钢筋，沿墙长应连续设置，两端的锚固应符合下列规定：

1 一、二级的抗震墙，水平分布钢筋可绕主筋弯 180°弯钩，弯钩端部直段长度不宜小于 $12d$；水平分布钢筋亦可弯入端部灌孔混凝土中，锚固长度不应小于 $30d$，且不应小于 250mm。

2 三、四级的抗震墙，水平分布钢筋可弯入端部灌孔混凝土中，锚固长度不应小于 $25d$，且不应小于 200mm。

C.4.7 配筋模卡砌块砌体剪力墙、连梁的砌体材料强度等级应符合下列要求：

1　砌块的强度等级不应低于MU10。

2　灌孔混凝土应采用坍落度大、流动性及和易性好,并与砌块结合良好的混凝土,其强度等级不应低于Cb20,也不应低于1.5倍的块体强度等级。

3　作为承重或抗侧作用的配筋砌体剪力墙的孔洞,应全部用灌孔混凝土灌实。

注:对安全等级为一级或设计使用年限大于50年的配筋砌体房屋,所用材料的最低强度等级应至少提高一级。

C.4.8　配筋保温模卡砌块剪力墙厚度为砌块受力块体的宽度,连梁的截面宽度不小于配筋模卡砌块受力块体的宽度。

C.4.9　圈梁设置应符合下列要求:

1　在基础及各楼层标高处,每道抗震墙均应设置现浇钢筋混凝土圈梁,对内墙而言,圈梁的宽度同墙厚,对外墙,圈梁与砌块承重部分同宽。

2　圈梁的混凝土强度等级不应小于灌孔混凝土强度等级。

3　圈梁底部应嵌入墙顶砌块孔洞,深度不宜小于30mm,圈梁的顶部应毛面。

C.4.10　配筋保温模卡砌块外墙的圈梁处应采取保温措施,保温措施结合砌块挑出圈梁的宽度,确保完成面的平整。当配筋保温模卡砌块与其他外墙保温材料连接时,连接部位应做好防护层。

C.4.11　连梁、剪力墙的构造要求和抗震措施按现行国家标准《建筑抗震设计规范》GB 50011、现行行业标准《混凝土小型空心砌块建筑技术规程》JGJ/T 14和现行上海市工程建设规范《建筑抗震设计规范》DGJ 08－9的相关规定执行。

C.5　施工要点

C.5.1　墙体施工应按平、立面排块图,进行对孔、错缝搭砌排列,卡口必须相互卡牢,内外面平整。配筋保温模卡砌块墙体在两块砌块之间插入一块规格根据块型确定的保温板，插入的保温板要保证上下砌块之间完全衔接，不得留有空隙而出现冷热桥现象。

C.5.2 砌块的施工方法不采用砂浆砌筑，砌块的卡口须相互对准卡牢，每隔 5 皮～6 皮，可采用砂浆找平。

C.5.3 墙体内的水平钢筋应置于砌块水平凹槽内，并应避开砌块内插保温板，水平中距宜为 80mm，用定位拉筋固定；水平筋的竖向间距应符合设计要求。

C.5.4 箍筋置于砌块下部卡口的凹槽内，两端封闭在同一平面。

C.5.5 墙体内的上下楼层的纵向钢筋（竖筋），宜对称位于小砌块孔洞中心线两侧并相互搭接；竖筋在每层墙体顶部处应用定位钢筋焊接固定；竖筋表面离小砌块孔洞内壁的水平净距不宜小于 20mm。每个小砌块孔洞中宜放置 1 根纵向钢筋，不应超过 2 根。当孔内设置 2 根时，两根钢筋的搭接接头不得在同一位置，应上下错开一个搭接长度的距离。

C.5.6 灌孔混凝土浇灌前，应按工程设计图对墙、柱内的钢筋品种、规格、数量、位置、间距、接头要求及预埋件的规格、数量、位置等进行隐蔽工程验收。

C.5.7 灌孔混凝土应连续浇筑，可按楼层视墙高分 2 个～3 个浇捣层，应用专用振捣棒沿砌块的大孔逐孔振捣密实，小孔可不振捣，大孔不得遗漏，并有灌孔混凝土沁出砌体缝隙为宜，灌孔后应及时清理墙面。

C.5.8 水、电等管线的敷设应与土建施工进度密切配合，设计或施工所需孔洞、沟槽和预埋件等，应按排块图在砌筑时预留或预埋。设计变更或是施工遗漏的孔洞、沟槽宜用切割机开设。

C.5.9 水、电、煤气管道的竖向总管应敷设于管道井内或楼梯间的阴角部位。污水管、粪便管等排水管不论立管或水平管均宜明管安装。

C.6 验 收

Ⅰ 一般规定

C.6.1 配筋模卡砌块砌体工程质量验收应符合本标准第 6.1 节的相关规定，尚应提供下列文件和资料：

1 预拌灌孔混凝土抗压强度试验报告和坍落度报告。

2 灌孔混凝土墙体实体检测记录。

3 钢筋施工的隐蔽工程验收记录。

C.6.2 配筋模卡砌块墙体应进行结构实体检验，其灌孔混凝土的强度应以在混凝土灌筑处取样制备，并与结构实体同条件养护的试件强度为依据，采用非破损（超声波检测）或局部破损（钻孔取芯）的方法进行检测验证。

C.6.3 配筋模卡砌块、保温材料的检验应符合本标准第 6.2 节的相关规定。

C.6.4 砌体的垂直度允许偏差检验应符合本标准第 6.3 节的相关规定。

Ⅱ 主控项目

C.6.5 钢筋的品种、级别、规格、数量和设置部位应符合设计要求。

检查数量：按设计图全数检查。

检验方法：检查钢筋的合格证书、钢筋性能试验报告、隐蔽工程记录。

C.6.6 砌体的竖向和水平向受力钢筋锚固长度与搭接长度应符合设计要求。

检查数量：每检验批抽检不应少于 5 处。

检验方法：尺量。

C.6.7 灌孔混凝土的强度等级应符合设计要求。

检查数量:灌孔混凝土以灌注一个楼层或一个施工段墙体的同配合比的浇灌量为一检验批,其取样不得少于1次,并应至少留置1组标准养护试块;同一检验批的同配合比浇灌量超过$100m^3$时,其取样次数和标准养护试件留置组数应相应增加。同条件养护试件的留置组数应按工程实际需要确定,但不应少于6组。

检验方法:检查混凝土试块试验报告和施工记录。

Ⅲ 一般项目

C.6.8 配筋模卡砌块砌体中的受力钢筋保护层厚度与凹槽中水平钢筋间距的允许偏差值均应为±10mm。

检查数量:每检验批抽检不应少于5处。

检验方法:检查保护层厚度应在浇筑灌孔混凝土前进行观察并用尺量;检查水平钢筋间距可用钢尺连续量3档,取最大值。

本标准用词说明

1　为便于在执行本标准条文时区别对待，对要求严格程度不同的用词说明如下：

1）表示很严格，非这样不可的用词：

正面词采用“必须”；

反面词采用“严禁”。

2）表示严格，在正常情况下均应这样做的用词：

正面词采用“应”；

反面词采用“不应”或“不得”。

3）表示允许稍有选择，在条件许可时首先应这样做的用词：

正面词采用“宜”；

反面词采用“不宜”。

4）表示有选择，在一定条件下可以这样做的用词，采用“可”。

2　条文中指明必须按其他有关标准、规范执行时，采用“应按……执行”或“应符合……要求或者规定”。

引用标准名录

1 《建筑材料及制品燃烧性能分级》GB 8624
2 《砌体结构设计规范》GB 50003
3 《建筑结构荷载规范》GB 50009
4 《混凝土结构设计规范》GB 50010
5 《建筑抗震设计规范》GB 50011
6 《工程结构可靠性设计统一标准》GB 50153
7 《砌体结构工程施工质量验收规范》GB 50203
8 《混凝土结构工程施工质量验收规范》GB 50204
9 《建筑装饰装修工程质量验收标准》GB 50210
10 《建筑工程施工质量验收统一标准》GB 50300
11 《砌体结构工程施工规范》GB 50924
12 《混凝土拌合用水》JGJ 63
13 《建筑砂浆基本性能试验方法》JGJ 70
14 《外墙外保温工程技术规程》JGJ 144
15 《混凝土小型空心砌块建筑技术规程》JGJ/T 14
16 《建筑工程冬期施工规程》JGJ/T 104
17 《外墙内保温工程技术规程》JGJ/T 261
18 《自保温混凝土符合砌块应用技术规程》JGJ/T 323
19 《建筑抗震设计规程》DGJ 08－9
20 《建筑节能工程施工质量验收规程》DGJ 08－113

上海市工程建设规范

混凝土模卡砌块应用技术标准

DG/TJ 08－2087－2019
J 11915－2019

条 文 说 明

2019 上海

目　次

Contents

1 总 则

1.0.1 本标准的编制根据国家有关政策，特别是墙体改革限制使用黏土砖、建筑墙体保温节能和推广装配式建筑等的政策，结合砌体结构特点，执行现行国家标准《砌体结构设计规范》GB 50003 设计原则。

1.0.2 总结上海地区砌块建筑应用经验，研究开发的混凝土模卡砌块，曾在上海地区的建筑中作为承重墙体应用，也曾作为较大跨度建筑承重结构应用，还在民用及工业建筑中作为外围护墙体及内分隔墙使用。其中保温模卡砌块自保温系统作为外墙保温系统，具有保温材料耐久性强的优点，其使用寿命可达到与建筑同寿命，该系统已应用于建筑的外墙保温，取得很好效果。为了易于区别，本标准将未加入保温材料的模卡砌块称为混凝土普通模卡砌块，而砌块中加入保温材料的模卡砌块称为混凝土保温模卡砌块，这两种砌块统称混凝土模卡砌块。本次修订依据配筋模卡砌块和装配式模卡砌块墙体的研究和应用情况，新增了相关章节。

1.0.3 混凝土模卡砌块虽采用的材料与混凝土小砌块无本质区别，但由于其具有独特外形，改变了长期以来砌块材料依靠砂浆砌筑的施工方法，因此原来砌体的结构设计、施工、质量控制与验收标准已不能完全反映混凝土模卡砌块砌体技术要求，必须编制与其构造特点相适应、较完整的《混凝土模卡砌块应用技术标准》。

混凝土模卡砌块虽有其自身特点，但仍属砌体结构。凡本标准中未作规定，仍应按国家现行有关规范和上海市地方规程规定执行。本标准应与现行上海市建筑标准设计《混凝土模卡砌块建筑和结构构造》DBJT 08－113 和现行上海市地方标准《混凝土模卡砌块技术要求》DB31/T 962 结合使用。

3 材 料

3.1 材料强度等级

3.1.1 本条新增了配筋模卡砌块强度等级。模卡砌块的规格、尺寸、材料要求、强度等级等质量指标及混凝土模卡砌块试验方法按现行上海市地方标准《混凝土模卡砌块技术要求》DB31/T 962 执行。保温模卡砌块用的聚苯乙烯板、挤塑聚苯乙烯板应符合现行国家标准《模塑聚苯板薄抹灰外墙外保温系统材料》GB/T 29906、《绝热用挤塑聚苯乙烯泡沫塑料(XPS)》GB/T 10801.2 中的有关规定。

3.1.2 灌孔浆料质量指标及技术要求按现行上海市地方标准《混凝土模卡砌块技术要求》DB31/T 962 执行。

3.1.3 灌孔混凝土强度指标取同强度等级混凝土强度指标。

3.2 砌体计算指标

3.2.1 模卡砌块灌筑砌体，根据本标准的要求施工，可确保砌块的垂直孔洞和水平凹槽内灌浆密实。经试点工程随机取芯抽样检查，95%以上均能满足要求，并灌浆材料能与砌块形成整体，共同受力。因此，受压构件承载力计算中截面面积 A 可按毛截面计算。模卡砌块砌体抗压强度设计值，根据上海市建筑科学研究院采用上海钟宏科技发展有限公司生产的 MU10，MU7.5，MU5 模卡砌块标准块型和 Mb10，Mb5 灌孔浆料，按普通模卡砌块和保温模卡砌块的不同强度等级，不同灌孔浆料强度等级组合，根据模卡砌块、灌孔浆料试件制作要求制作，采用室内自然养护后，按现行国家标准《砌体基本力学试验方法》GBJ 129 要求进行验证性试验。当实际采用块型尺寸与主规格块型系列不同时，应通过试验确定其强度指标。

1 模卡砌块灌浆砌体抗压强度设计值：

$$f=\frac{f_k}{1.6} \tag{3.2.1}$$

式中：f——抗压强度设计值(MPa)，分项系数取 1.6；

f_k——抗压强度标准值，$f_k=f_1-1.645\sigma$；

σ——标准离差，$\sigma=f_1\times V$；

f_1——试验平均强度值；

V——变异系数，变异系数 $V\leqslant15\%$时，V 按 15%取值；$V>15\%$时，按实际值取。

2 保温模卡砌块的强度指标为砌块中的扁长孔内插满保温材料时的指标；保温模卡砌块的孔洞率计算时，孔洞面积包括砌块内部的保温材料的面积。

3 当灌孔浆料改用灌孔混凝土时，其强度将有较大提高，但由于试验数据不够充分，砌体抗压强度计算公式依然参照现行国家标准《砌体结构设计规范》GB 50003，计算结果是偏于安全的。MU10，MU7.5，MU5 的保温模卡砌块，用灌孔混凝土灌筑成砌体后，砌体的抗压强度设计值分别为 2.74MPa，1.86MPa，1.23MPa。

考虑到运用保温模卡砌块，灌孔混凝土的数量有限，资料及工程经验不足，故暂不考虑其强度提高，可作为构造加强措施采用。

4 本标准中施工质量控制等级按照现行国家标准《砌体结构工程施工质量验收规范》GB 50203 的要求，分为 A，B，C 三个等级。

3.2.2 当灌孔浆料改用强度等级不小于 Cb20 灌孔混凝土砌体，砌体抗剪强度设计值，均按灌浆砌体抗剪最大设计值 0.47MPa

(0.38MPa)取值。因所有模卡砌块砌体均采用灌浆，用混凝土作为灌浆料的模卡砌块抗剪强度值缺乏试验数据，为安全起见，模卡砌块灌孔混凝土砌体抗剪强度设计值，不再按国家标准《砌体结构设计规范》GB 50003－2011公式(3.2.2)修正。

混凝土模卡砌块砌体抗压、抗剪强度优于其他砌块、烧结砖砌体，主要用于受压墙体。由于时间有限对混凝土模卡砌块砌体轴心抗拉、弯曲抗拉强度尚未作专门系统试验和研究，所以本标准难以给出相应的设计值。根据普通模卡砌块砌体的构造和全部灌浆的特点，偏于安全考虑，其轴心抗拉、弯曲抗拉强度设计值可参照国家标准《砌体结构设计规范》GB 50003－2011表3.2.2一般混凝土砌块相关内容选用，保温模卡砌块砌体暂不考虑用于产生轴心抗拉、弯曲抗拉的砌体中。

3.2.7 模卡砌块的密度计算时，其重量均不含灌孔浆料及保温材料的重量。

3.2.8 模卡砌块热阻值采用200mm普通模卡砌块砌体和保温模卡砌块砌体的热阻值，砌体的粉刷为双面15mm厚水泥砂浆粉刷，保温模卡砌块内插的保温材料为30mm和40mm厚的EPS保温板。当实际采用块型尺寸与主规格块型系列不同时，应通过试验确定其保温性能。

3.2.10 砌体耐火极限根据实验报告确定。

4 设 计

4.1 一般规定

4.1.1 模卡砌体的结构设计原则主要按国家标准《砌体结构设计规范》GB 50003－2011 第 4.1 节的有关规定执行。采用概率极限状态设计方法，并以现行国家标准《建筑结构可靠度设计统一标准》GB 50068 为依据，承载力极限状态采用分项系数表达的方法计算。正常使用极限状态的要求，本标准参照了上海市工程建设规范《混凝土小型空心砌块建筑设计规程》DG/TJ 08－005－2000 和国家标准《砌体结构设计规范》GB 50003－2011 的有关内容，一般情况下通过构造措施加以保证，而不进行验算。采用国家标准《砌体结构设计规范》GB 50003－2011 的砌体计算表达公式。模卡砌块砌体特别是保温模卡砌块砌体的施工处于起步阶段，对施工质量应特别注意，因此必须在设计文件中注明施工质量控制等级，此等级应达到 B 级。

4.1.2 模卡砌体因材料强度高，抗剪性能好，可优先推广应用于大开间、大进深的横墙承重多层住宅中。

4.1.3 模卡砌块砌体耐久性相关要求，本标准未规定的内容可按国家标准《砌体结构设计规范》GB 50003－2011 第 4.3 节执行。

4.2 砌体构件

4.2.1 模卡砌块砌体为模卡砌块和灌孔浆料共同组成。经试验，这两种材料结合紧密，能共同工作。根据片墙抗压强度试验结果证明，不仅这两种材料组合成砌体的抗压强度有大幅度的提高，而且砌体的整体性、稳定性也有很大提高。本标准承载力计算采用无筋砌体受压构件的计算公式，即 $N \leqslant \varphi f A$，φ 为构件高厚比 β 和轴向力的偏心距对受压构件承载力的影响系数，由于试验数量还较少，为保证工程安全，普通模卡砌块 φ 及与砂浆强度有关的系数 α 取值仍按小砌块取值，未考虑其提高部分，这样做是偏于安全考虑。保温模卡砌块，由于内夹保温材料，使其稳定性受到一定影响，为提高砌体的可靠性，故暂以附录 C 中数值乘以 0.9 考虑。根据已在刚性方案多层房屋中应用研究成果，由于模卡砌块之间连接依靠其特殊的构造，卡口连接并又在其水平凹槽、垂直孔洞内全部灌浆成为有约束砌体，整体性非常好，优于一般其他传统砌体，所以受压构件的计算高度 H_0 取值，是偏于安全的。

4.2.2 模卡砌块砌体的局部受压强度计算取值按国家标准《砌体结构设计规范》GB 50003－2011 的局部受压计算公式，并通过构造措施，加强砌体的局部抗压强度，应可满足承载能力极限状态设计要求，其中砌体局部抗压强度提高系数 γ 取值，采用偏于安全的取值。保温模卡砌块由于内填柔性保温材料，故在局部受压时，保温材料容易产生侧向变形，使材料局部抗压强度难以提高，故 γ 取 1.0。考虑到保温模卡砌块外壁较薄，局部承压时可采用设置刚性垫块或构造柱的方式，以确保安全。

4.3 构造要求

4.3.1 本条规定没有列入柱的高厚比验算，主要是混凝土模卡砌块有卡口，砌体依靠卡口连接，砌块之间没有砂浆，不能简单相互垂直灌筑，目前暂不能独立砌成柱子，故取消了柱子的高厚比验算。工程中需要柱子时，可设置钢筋混凝土构造柱代替。

自承重墙高厚比修正系数 μ_1 是根据国家标准《砌体结构设计规范》GB 50003－2011 第 6.1.3 条插入法求得的。

4.3.2 本条规定中增加了钢筋混凝土构造柱对墙体的稳定性和刚度的作用,但要注意,施工过程中大多是先灌筑墙体后浇筑构造柱,应采取措施保证构造柱墙在施工阶段的稳定性。本条取消了带壁柱墙的高厚比验算,原因同第4.3.1条。

4.3.4 由于混凝土模卡砌块原材料同一般混凝土砌块,所以可用于室内地面以下或防潮层以下砌体墙。但灌孔浆料长期浸泡在地下水中会影响其强度,所以必须用强度等级大于等于Cb20以上混凝土灌孔,并振捣密实。

4.3.5 参照国家标准《砌体结构设计规范》GB 50003－2011相应条文。

4.3.6 参照国家标准《砌体结构设计规范》GB 50003－2011第6.2.1条增加预制板支承长度相关构造要求。

4.3.7 参照国家标准《砌体结构设计规范》GB 50003－2011第6.2.2条增加墙体相关构造要求。

4.3.8 由于混凝土模卡砌块存在卡口,交错砌筑时,对孔较困难,因此孔洞面积较小的保温模卡砌块,可采用构造柱连接横纵墙;普通模卡砌块可在孔洞中适当设置混凝土芯柱。

4.3.9 后砌120mm厚分隔墙可用拉接钢筋来连接。在可能条件下,尽可能用Cb20将120mm厚砌块端部搭接处两个大孔内灌实,以提高纵横墙体的整体性。

4.3.11 参照国家标准《砌体结构设计规范》GB 50003－2011第6.2.13条。

4.3.12 预埋管线是当前住宅的普遍要求,混凝土模卡砌块有水平槽和竖向孔,允许在槽孔里预埋管线。墙面凿槽对砌体承载力影响较大,一般不允许。无法避免时,应加强验算,采取必要的加固措施。

4.3.13 由于混凝土模卡砌块较宜受温差和砌体干缩影响而引起墙体开裂,故伸缩缝最大间距从严控制,参照国家标准《砌体结构设计规范》GB 50003－2011所规定的最大间距。

4.3.14～4.3.16 为了防止减轻由于钢筋混凝土屋盖的温度变化和砌体干缩变形、地基沉降等其他原因引起的墙体开裂，本标准选用了国内外比较成熟的一些措施，使用者可根据自己的具体情况选用。

4.3.17 防止或减轻墙体裂缝的措施尚在不断总结和深化，故不限于所列方法，当有实践经验时，也可采用其他措施。

4.3.18 加强多层砌体房屋圈梁的设置和构造，有助于提高砌体房屋的整体性、抗震和抗倒塌能力。模卡砌块每次灌浆面应留在模卡砌块上口下 40mm 处，在圈梁位置与砌块交接处，浇捣圈梁应嵌入模卡砌块凹口内 40mm，将圈梁的混凝土与混凝土模卡砌体水平槽整体振捣，将对提高房屋的整体性效果明显。工程实践表明，房屋通常在圈梁与砌体间会产生水平裂缝，而在模卡砌体中却有效地避免了裂缝的产生，房屋整体刚度更好。

4.3.20～4.3.22 参照国家标准《砌体结构设计规范》GB 50003－2011 第 6.3 节增加模卡砌体用于框架填充墙的构造要求。

4.4 抗震设计

4.4.1 模卡砌块由于卡口作用和全部灌筑了灌孔浆料，形成的结构整体性强，抗震性能良好，从目前已建成的两个试点工程的计算及试验结果看，模卡砌块砌体运用于大开间房屋能充分发挥其强度高的优越性，但试点工程的总高度及层数均未超过现行国家标准《建筑抗震设计规范》GB 50011 中对砌体结构房屋的层数和总高度的限值。因此，在编制本标准时仍以一般砌体结构房屋来考虑，设定高度及层数限值，偏于安全。底部框架-抗震墙结构的设计要求应按现行国家标准《建筑抗震设计规范》GB 50011 执行。

4.4.2～4.4.4 一般房屋抗震设计时应满足的要求，并参照国家标准《建筑抗震设计规范》GB 50011－2010 的相关条款进行了调整。

纵横向砌体抗震墙的布置应符合国家标准《建筑抗震设计规范》GB 50011－2010 第 7.1.7 条第 2 款的要求。

4.4.5 由于采用目前的方法对多层砌体房屋进行整体弯曲验算的结果与大量的地震宏观调查结果不符，因此多层砌体房屋一般可以不做整体弯曲验算，但为了保证房屋的稳定性，限制了其高宽比。

4.4.6 多层砌体房屋的横向地震力主要由横墙来承担，不仅横墙本身需要有足够的承载力，而且楼盖须具有传递地震力给横墙的水平刚度，本条规定是为了满足楼盖对传递水平地震力所需的刚度要求。

4.4.7 为防止墙体局部尺寸偏小而引起局部破坏，从而导致砌体结构的整体破坏，结合模卡砌块的模数，制定本条规定。如采用增设构造柱或增加相应构造柱断面等措施，可适当放宽限值。

4.4.8 对房屋的整体抗震分析，在目前没有专门针对模卡砌块砌体编制的程序的情况下，可采用相近的混凝土小型空心砌体结构进行近似计算。在试点工程中，利用中国建筑科学研究院的PKPM系列软件，采用强度代换的方法进行电算，并进行手工验算，通过试验验证，此方法是偏于安全的。

4.4.9 地震力作用于房屋的方向是任意的，但均可分解为两个主轴方向的力，抗震验算时应分别沿房屋的两个主轴方向验算地震作用。

4.4.10 一般情况下，不利墙段能满足要求，其余墙段抗剪强度自然满足。不利墙段是指：①承担地震作用较大的墙段；②竖向压应力较小的墙段，③局部截面较小的墙段。

4.4.11 多层砌体房屋的刚度、重量沿高度分布较均匀，以剪切变形为主，符合采用底部剪力法的条件。

4.4.12 底部剪力法视多质点体系为等效单质点系。

4.4.13 组合系数按现行国家标准《建筑结构荷载规范》GB

50009 取值。

4.4.14 根据现行国家标准《建筑抗震设计规范》GB 50011 结构构件的地震作用效应和其他荷载效应的基本组合的规定，规定了多层模卡砌块砌体房屋结构楼层水平地震剪力设计值的计算。

4.4.15 根据各种楼盖体系的刚度大小采取相应的剪力分配方案。

4.4.16 在各楼层的各墙段间进行地震剪力与配筋截面验算时，可根据层间墙段的不同高宽比（一般墙段和门窗洞边的小墙段），分别按剪切变形、弯曲变形或同时考虑弯剪变形区别对待进行验算。计算墙段时刻按门窗洞口划分。

4.4.17～4.4.18 参考现行国家标准《建筑抗震设计规范》GB 50011 相关内容。根据试验情况，模卡砌块砌体结构的受剪特点与普通砌体相近，采用普通小砌块砌体的计算方法是偏于安全的。

4.4.19 对局部突出于顶层的部分，按现行国家标准《建筑抗震设计规范》GB 50011 的规定乘以 3 倍地震作用进行本层的强度验算。

4.4.20 同其他砌体结构一样，构造柱在模卡砌体中的抗震作用也是很明显的，它能够加强砌体结构的薄弱部位，提高砌体结构延性，但模卡砌体由于本身的砌体抗震强度较高，因此为了充分发挥砌体结构的强度，并有效地提高其延性，适应大开间、大进深设计的要求，本标准中规定模卡砌体中构造柱设置的数量、部位及配筋与相同情况下的其他砌体结构有所增加。在 2002 年、2009 年进行的针对试点工程的片墙伪静力试验中，片墙的构造柱与墙体裂缝同时出现，并与裂缝协同发展，直至破坏。

4.4.21 模卡砌块砌体房屋中设置的构造柱需符合模卡砌块砌体墙的特点，包括构造柱截面尺寸及墙的拉结。

4.4.22～4.4.23 层层设置圈梁既能提高房屋的抗震性能，又能抵抗不均匀沉降对房屋的损害，圈梁的截面尺寸根据模卡砌块的模数参考其他砌体结构的截面尺寸确定。

4.4.24 本条参照了现行国家标准《建筑抗震设计规范》GB 50011 的有关条文，是为了明确节点连接在抗震设计中的重要性。

4.4.25 对于横墙较少的丙类多层模卡砌块砌体房屋，满足一定的结构平面布置要求和构造加强措施后，其总高度和层数允许接近或达到本标准表 4.4.4 规定的限值。

4.5 建筑设计要点

4.5.1 混凝土模卡砌块采用主规格 400mm×200mm×150mm，保温模卡砌块采用主规格 400mm×225mm(240mm)×150mm，建筑平面尺寸尽可能与之协调。当砌块尺寸无法与平面尺寸协调时，采取浇捣混凝土或其他措施协调。

4.5.2 建筑平面要求简洁规整，主要是从节能角度控制建筑的体型系数，因建筑外表面越大，冷热损失多，对节能越不利；控制弧度主要是由于混凝土模卡砌块较长、弧度小、半径小，则转折面难以形成弧面，增加了施工难度。

4.5.3 底层墙体内必须设防潮层，可防止地下水影响墙体。当有基础圈梁时，可用圈梁代替；无基础圈梁时，在墙体内设 60mm 厚细石混凝土防潮层，在细石混凝土中掺入 4%～5% 防龟裂防水剂。

4.5.4 一般公共建筑、住宅建筑应符合建筑节能要求。外墙采用保温模卡砌块技术可有效改善墙体温差裂缝，一般情况下应优先采用。夏热冬冷地区的住宅限制窗墙面积比，采取按不同朝向和不同窗墙面积比规定外窗的传热系数，从而控制外窗的保温性能。外窗墙面积比应符合现行上海市工程建设规范《居住建筑节能设计标准》DG/TJ 08－205 及现行国家标准《公共建筑节能设计标准》GB 50189 的有关规定。

4.5.5 墙体必须双面粉刷。对于不需要采取特殊隔热保温措施的外墙，为保证墙体材料不被风化和墙面不渗水，外墙面必须粉刷，粉刷前可在模卡砌块外表面先刷一层掺有抗渗剂水泥浆或将抗渗剂直接添加在粉刷材料内，克服砌体本身抗渗性较差弱点。

模卡砌块墙体由于无传统砌筑灰缝，墙体两面又较平整，所以内墙面粉刷一般可直接采用水泥浆内加建筑胶直接批粉，厚度可控制在 8mm～10mm，可扩大建筑物有效使用面积，提高投资效能。

混凝土普通模卡砌块外墙外立面贴面砖时，墙面应采取防渗措施，可采用防水粘结剂粘贴。如粘贴剂不防水、粘结材料不饱满形成空隙，雨水冲刷墙面时很容易渗水至内墙面，设计时应充分考虑抗渗和面砖脱落问题。

花岗岩等石材重量大，外挂时对墙体会产生扭矩，设计时必须采取加强措施。玻璃及金属幕墙重量比较大，安装时要打洞，因此也必须采取加强措施。不应在混凝土保温模卡砌块墙体上打洞并固定较重的外墙装饰材料，以免破坏墙体及其保温材料。

4.5.7 混凝土模卡砌块壁厚达 35mm，墙体叠砌完后孔槽全部灌浆，整体性好，强度优于黏土砖，实心墙体可根据需要在墙体任意位置十分方便地固定管线或线槽，不受限制。

4.5.8 电气设备、消火栓箱、水表箱等箱体一般尺寸较大，在墙体叠砌时应先留出位置，方便安装。表箱安装时要与墙体可靠固定。

4.5.9 混凝土模卡砌块的垂直孔孔壁的最大间距仅 25mm，水平孔最大间距 122mm。也即模卡砌块墙体在不另剔槽的情况下，其垂直向埋管的限止间距最大为 25mm，水平向为 122mm，基本可做到“任意”位置布线埋管。

4.5.10 在模卡砌体墙上凿槽开孔应事先经设计同意，大直径管道在模卡砌体墙上预留孔洞或凿沟槽，应复核被削弱后墙体的稳定和强度。

4.6 保温模卡砌块自保温系统构造及热工设计

4.6.1 保温模卡砌块,由于内插保温板,且外侧壁较薄,容易由于受力不均匀引起破坏,同时由于其特殊的块型构造,造成其不同于普通模卡砌块砌体的特点,因此在本节另外说明。

4.6.2 保温模卡砌块建筑中的内置保温材料由于无法置于圈梁、构造柱等热桥构件内,因此一般应在热桥构件的外侧粉刷或粘贴保温材料实施附加保温满足节能要求。保温模卡砌块自保温系统主要由这两部分保温措施组成。当建筑的节能有特殊要求,目前保温模卡砌块的块型还满足要求时,可采用在外墙的内(外)侧采用符合规范要求的保温材料,实施辅助保温,以满足节能设计要求。

4.6.3 本条为实施附加保温或辅助保温时的一些构造要求,在实施过程中应同时满足相应保温材料及构造做法的设计及施工标准。

4.6.5 保温模卡砌块往往用于外墙,故外墙的混凝土构件(构造柱、圈梁等)应相应减少宽度,以利于外贴保温材料,避免产生热桥,但尺寸不应大于模卡砌块壁厚,以 25mm～30mm 为宜。

4.6.6 保温模卡砌块保温材料位于砌块内部,与一般外墙外保温体系中保温材料的构造位置不同。砌筑时,为保证完成面平整,保温模卡砌块与建筑外墙梁、柱等冷桥部位相接处,应考虑冷桥部位外保温面层构造厚度,砌块挑出梁、柱面不大于模卡砌块壁厚,以 25mm～30mm 为宜。

4.6.7 在保温模卡砌块砌体的试点工程中,保温模卡砌块与热桥外贴保温材料的交接位置处采用在粉刷砂浆内粘贴 200mm 宽网格布的方法,有效地防止了收缩裂缝的出现。

4.6.8 目前保温模卡砌块建筑的保温节能计算,可采用现行的节能计算程序进行。

4.6.9 表 4.6.9 中相关数据,均为墙体粉刷已经按 15mm 厚的水泥砂浆双面粉刷后得出的结果。

5 施　工

5.1 一般规定

5.1.1～5.1.2 模卡砌块砌体作为一类混凝土砌块砌体结构，施工验收方法和要求与其他砌体结构相同处可按有关的标准执行，在本标准中不再重复。

5.1.3 为防止模卡砌块受潮，场地的排水一定要做好。

5.1.4 模卡砌块属于脆性材料，抛掷坠落容易断裂，造成废品不能使用。因此，推广模卡砌块包装化，并合理装卸，各种构配件合理堆放，方便使用，有利于文明施工和文明管理。

5.1.6 经过编制模卡砌块排列图可熟悉砌体工程的构造，对指导施工是必要的技术措施，并且通过水电安装人员和土建施工人员的商定，在主辅块的配备施工时能更好协调。

5.1.7 对模卡砌块表面的清理，特别是肋边毛刺的清理，保证砌块砌筑时平整，确保质量。

5.1.8 基础工程的质量将影响上部结构乃至整个建筑工程的质量。因此，基础工程未经验收，下道砌体的砌筑工序严禁施工。

5.1.9 国家标准《砌体结构工程施工质量验收规范》GB 50203－2011 第 3.0.15 条将砌体施工质量控制等级分为 A,B,C 三个等级，为保证新墙体材料应用质量，选用 A 级和 B 级。

5.1.10 模卡砌块必须有产品质量证明书，对模卡砌块质量有异议时必须复试。主规格的模卡砌块即标准块按规定对外观质量做检验及对强度等级进行复试。辅助块也应作外观质量检验和尺寸偏差的测试。

为保证产品的质量，模卡砌块的生产厂家必须提供产品合格证书，对同一单体工程宜由同一生产厂家提供，这样可避免由于生产厂不同，模卡砌块收缩值不同，使墙体出现收缩裂缝。合格证书应包括型号、规格、产品等级、强度等级、容重、生产日期等项内容，并与产品性能检测报告同批。主规格的模卡砌块即标准按规定使用时应对其主要性能进行复试。

模卡砌块经测试其强度、隔声、防火等项指标均能达到建筑墙体的要求，墙体抗渗可对墙面粉刷层掺加防水材料。

5.1.11 砌体中插入的保温板的规格及质量对砌体的保温效果至关重要。因此，必须进行现场复验以确定其品质。

5.1.12 现场堆放 EPS 板，必须特别注意采取可靠的消防措施，杜绝火灾发生。

5.1.13 因强度或保温等方面的不同要求，灌孔浆料可由设计另行确定。

5.2 灌孔浆料

5.2.1 为保证灌孔浆料的质量要求及为文明施工创造条件，应大力推广预拌商品灌孔浆料的使用。

5.2.2 灌孔浆料采用灌浆泵输送并灌入孔洞能减轻劳动强度，提高效力。

5.2.3 灌孔浆料内含有水泥成分，因此它的使用时间要求同水泥砂浆。

5.2.4 为求得试验的正确性，并真实反映实际质量，同组试块必须是同一盘材料中取样。

5.2.5 灌孔浆料在墙体内与模卡砌块共同受力，其强度应与模卡砌块所匹配，因此也应以 28d 试验强度为依据。

5.2.6 上海地区一般均使用自来水拌制灌孔浆料和混凝土。郊区若用河水或其他水源，必须符合混凝土用水标准。

5.3 砌体施工

5.3.1 支承面的平整有利模卡砌块卡口缝的平直和控制标高。每层第一皮模卡砌块使用水泥砂浆并与铺底的 50mm 掺入 50% 水泥砂浆材料相接,能使模卡砌块与支承界面结合得更可靠,预防模卡砌体与混凝土材料结构层面容易出现界面裂缝。

5.3.2 模卡砌块的错缝灌筑,使垂直荷载能合理传递。当不可避免产生通缝时,不得超过 2 皮砌块,并增加拉结钢筋,以保证合理受力。

5.3.4 灌孔浆料是按一定配合比配制的,用水冲浆破坏了浆料的配合比。也不能用其他材料掺入浆料内,否则将影响浆料的强度。灌浆必须密实,否则直接影响砌体强度。保温模卡砌块由于内插保温板,灌浆料在砌体内的流动受到一定限制,因此必须控制灌浆的皮数,确保砌体的质量。

5.3.5 灌孔浆料接缝不在模卡砌块卡口处,使砌体整体性更好。

5.3.6 保温板上口残留的灌浆材料,再次叠砌时产生冷热桥现象,影响保温效果。

5.3.7 为了加强整体性,纵横墙交错处宜设钢筋混凝土构造柱或采用拉结钢筋连结。非承重墙普通模卡砌块砌体在内墙纵横墙交错处,在保证安全前提下,可采用砌块搭接灌筑方法,转角孔内灌 C20 混凝土,同时必须采用拉结钢筋连结。门窗洞口处灌浆前应采取支撑措施,为保证灌筑体平整,不移位。模卡砌块撬动后,孔内浆料断裂,影响砌体质量,因此要重新灌筑。

5.3.8 不同材料的混砌由于材料收缩率不同,墙体容易产生裂缝。

5.3.10 模卡砌块块形特点是:模卡砌体外观虽无灰缝,但灌浆密实的砌体、砌块间企口内缝隙已充填浆料,使砌体墙形成整体。

5.3.11 模卡砌块属薄壁脆性材料,局部受压容易破损,灌浆时又容易漏浆影响密实度。普通模卡砌块墙体一般避免设脚手空洞,如必须设置,局部可用预制混凝土块砌筑,利用其孔洞作为脚手孔洞,待砌体完成后,须用C20混凝土将脚手孔洞填实。

5.3.12 室内地面以下砌块孔洞用混凝土填实,可提高砌体的耐久性,减轻地下水中有害物质对砌体的侵蚀。

5.3.13 此项措施可起混凝土梁垫的作用。

5.3.15 含水量高的模卡砌块易产生膨胀,砌成墙体后易产生裂缝。当气候特别干燥炎热时,可适当湿润砌块,使灌孔浆料不至失水过多影响密实度。

5.3.16 保证后砌隔墙与上部结构有牢固连接,并避免出现不同材料界面处收缩裂缝。

5.3.17 模卡砌块墙面较为平整,整体性好,可减薄粉刷层的厚度,降低造价,还可提高建筑有效使用空间。顶层内墙面粉刷待屋面工程完工后施工可避免粉刷裂缝。

5.3.18 通过多项工程试点,模卡砌体外墙面粉刷掺加防水剂后均没发现渗漏水现象。

5.3.19 冷桥部位的附加保温措施可采用在构件内外单侧或双侧粘贴保温扳材或粉刷保温材料等方式,达到满足墙体节能要求的目的。

5.3.20 主要是出于对施工时墙体的稳定性考虑。施工工段的最佳位置在房屋变形缝或门窗洞口较为合理。

5.3.21 缝内夹带杂物不利于变形缝起作用,限制了它的变形。

5.3.22 照明、电信、闭路电视等线路均应预埋敷设,如局部由于安排不周也可凿槽敷设。开凿水平管线槽要从严掌握,决不能影响墙体安全,需要时应作复核验算或经原设计同意。但空隙必须用水泥砂浆填实。管线埋深要求应符合电气、智能建筑施工和建筑防火等规范要求。管线采用预埋,敷设时预埋管须紧贴模卡砌块孔槽内壁,并将其位置固定,防止灌浆时移位。为方便预埋管与暗盒(开关盒、插座盒或接线盒等)连接,可采用60mm深的暗盒或在暗盒处另加调节盒。

5.4 构造柱及圈梁施工

5.4.1 先砌墙后浇柱的施工顺序有利于构造柱与墙体结合，应必须遵守。

5.4.2 模卡砌块端部已有凹形槎口，墙体与构造柱之间可不再设置马牙槎，能使墙柱之间很好结合。工程实践表明，只要做到先砌墙后浇捣混凝土构造柱处墙面，未发现有界面裂缝。

5.4.3 根据设计要求在门窗洞口两侧、顶层模卡砌体墙内及框架填充墙长度大于 5m 时等部位，宜设置构造芯柱，即在模卡砌体垂直孔内插入 1ϕ2 钢筋，为方便模卡砌体施工，一般可将插入钢筋分成三节插入，每节间的搭接长度不应小于 35d，通常为三块模卡砌块高度 450mm。

5.4.4 构造柱从基础到顶层必须垂直，对准轴线，应严格控制在允许偏差范围内。

5.4.5 为使圈梁与墙体能很好连接，混凝土宜灌入下部模卡砌块孔洞 40mm～50mm。

5.4.6 放置挑头木的位置，浇捣混凝土时要防止漏浆。拆除挑头木后一定要用 C20 混凝土修补密实。

5.5 框架填充墙及围护墙施工

5.5.1 施工时可参照本标准其他章节。

5.5.2 考虑到外围填充墙有隔热、隔声、抗渗及耐久性等要求，墙体厚度不得小于 200mm。

5.5.4 加强墙柱连结的整体性。

5.5.5 加强柱与墙的整体性，钉设钢丝网是为避免墙柱间由于不同材料的收缩率而产生裂缝。

5.5.6 顶层采用45°～60°斜砌模卡砌块是防止填充墙顶与梁板底间产生裂缝。

5.5.7 墙体需增加芯柱时可参照构造柱的施工方法。

5.5.8 加强窗台的强度，替代窗台梁，控制洞口处易出现裂缝。

5.5.9 加强抗渗性能，防止出现裂缝。

5.5.10 山墙顶斜坡必须与模卡砌块墙体连成整体。

5.6 雨期、冬期施工

5.6.1 模卡砌块吸水率较高，淋雨后容易膨胀，砌墙后产生干缩易出现裂缝影响墙体质量。因此，雨期施工时，可采用防雨材料覆盖砌块等防雨措施。

5.6.2 当雨量在小雨以上时，一定要有防雨措施，控制好灌孔浆料的配合比。

5.6.3 适当控制用水量，保证灌孔浆料的强度。

5.6.4 这是我国冬期施工期限界定的规定。气温可根据本市气象资料确定，冬期施工期限以外，当日最低气温低于－3℃时，也应按本节的规定执行。

5.6.5 浸水后受冻的模卡砌块易产生裂缝，强度受到影响。

普通硅酸盐水泥早期强度增长较快，使灌孔浆料在冻结前具有一定强度。

砂石如有冻块和冻结块将对混凝土的水灰比和早期强度都有影响。

5.6.6 为保障灌浆料早期强度的提高，可用保温材料覆盖。

5.6.7 为保障墙体的强度和质量。

5.6.8 记录下施工时的原始资料，便于日后墙体质量检查时提供依据。

5.7 文明安全施工

5.7.1 除应遵守现行的建筑工程安全技术规定外，模卡砌块安全施工还必须遵守本节要求。

5.7.2 为防止楼板断裂和模卡砌块破碎，避免造成安全事故。

5.7.3 防止楼板超载造成重大安全事故。

5.7.4 站在墙上操作既不安全又影响砌体质量。

5.7.5 在大风时控制墙柱施工时的自由高度，为保证砌体的稳定避免发生安全事故。由于模卡砌块带有企口并灌有浆料，墙体整体性好，因此允许自由高度参照国家标准《砌体结构工程施工质量验收规范》GB 50203－2011 第 3.0.12 条规定是偏于安全的，其中厚度 200(225)mm 的墙体，砌体密度＞1 600kg/m^{3}时，其允许自由高度采用原标准数值。

5.7.6 防止施工中随意留设施工洞口，以确保人身安全，并确保填充墙质量。

5.7.7 射钉枪保管使用不善有误伤他人的可能，因此，施工时应予重视，并切实遵守有关部门规定。

6 验 收

6.1 一般规定

6.1.1 模卡砌块砌体建筑在工程验收阶段，不仅应遵守本标准的规定，而且也应满足国家和地方颁布并执行的其他相应标准。

6.1.3 检验批的划分与现行上海市地方标准《住宅建筑节能工程施工质量验收规程》DBJ 08－133 和现行国家标准《建筑装饰装修工程质量验收规范》GB 50210 的要求一致。当遇到特殊情况时，检验批的划分也可根据方便施工和验收的原则，由施工单位和监理（建设）单位共同商定。

6.1.4～6.1.7 参照现行国家标准《建筑节能工程施工质量验收规范》GB 50411 等相应标准编制。

6.2 主控项目

6.2.2 模卡砌块与灌孔浆料在墙体中是共同受力的，它们的力学、保温性能必须满足设计要求。

6.2.4 模卡砌块灌浆密实度用以下 3 种方法检验：

1 锤击法：听其声音，辨别其密实与否，抽检数量可不少于墙体面积的 20％。锤击法是最简易可行的检测方法。

2 超声波检测法：对于一些重要建筑承重墙体，宜用超声波复测。

3 取芯法：对于灌浆密实度有疑义的，要取芯检验，用取芯机械取其芯样。

取芯法可在锤击法产生疑问的情况下采用。施工中出现下列情况时可采用墙体取芯的方法进行检测：

1）灌孔浆料试块数量不足。

2）对试块试验结果有争议。

3）试块试验结果不能满足设计要求，需另行确认砌体的实际强度。

6.3 一般项目

6.3.1 本条所规定的一般尺寸偏差虽然对墙体受力及质量不会产生重要影响，但对整个建筑物的施工质量、经济性、简便性、建筑美观和确保有效使用面积产生影响，故施工中对其偏差也应予以控制。

6.3.2 参照现行国家标准《砌体结构工程施工质量验收规范》GB 50203 砖砌体的位置及垂直度允许偏差规定。

7 模卡砌块预制墙

7.1 一般规定

7.1.1 本章规定的模卡砌块预制墙，仅适用于模卡砌块预制墙用于填充墙的情况。

7.1.2 预制墙的设计、施工和验收，要考虑砌块的模数要求，优化设计，同时满足运输、堆放和安装等要求。

7.1.3 预制墙由于在工厂加工完成，在施工现场组装，需要满足各个专业的设计要求。

7.2 设 计

7.2.1 混凝土模卡砌块预制墙的尺寸设计应充分考虑制作、运输、吊装的质量控制要求，达到经济合理。房屋的墙体较长，需要分两段预制时，两段片墙可结合构造柱连接。模卡砌块预制墙分为保温模卡砌块预制墙和普通模卡砌块预制墙，根据其功能要求采用。预制墙的规格一般按设计要求，并符合砌块的模数。对于预制率的计算方法，上海市住房和城乡建设管理委员会出台了《关于本市装配式建筑单体预制率和装配率的计算细则(试行)的通知》，此通知未提及砌体装配式结构体系，主要是国内对装配式砌体结构的研究较少。本标准规定的预制墙体符合预制构件的定义。单体预制率的计算按《计算细则》中的计算方法，预制模卡砌块墙体作为一种自保温墙体可按《计算细则》中全截面预制墙的计算方法进行预制率的计算。

7.2.2 混凝土模卡砌块预制墙与底部、后浇混凝土的连接设计，主要考虑底部坐浆、侧面与混凝土构造柱或框架柱的连接及与顶部圈梁或框架梁的连接。底部坐浆厚度应保证和上部预制墙体的有效粘结。预制片墙的侧面与混凝土构造柱由于模卡砌块不设置马牙槎,为使其有效结合,墙体侧面不应设置平截面,应使墙体侧面沿砌块凹面,使混凝土构造柱浇筑混凝土后,与预制片墙紧密结合。在框架结构采用预制模卡砌块墙体时,框架柱通常可采用现浇,使预制片墙的预留水平筋与框架柱可靠连接锚固。

7.3 制作与运输

Ⅰ 制 作

7.3.1 预制墙体所采用的砌块、混凝土、灌孔浆料和钢筋等应满足国家现行规范标准的要求。

7.3.2~7.3.3 预制墙体制作前,应结合施工组织设计制定制作方案,并核实图纸是否满足深度要求。墙体制作前应进行墙体排块,在墙体灌筑混凝土前仔细核对隐蔽工程,为防止漏浆,对墙体两侧进行封堵。

Ⅱ 检 验

7.3.5 预制混凝土模卡砌块墙体的外观质量缺陷可分为一般缺陷和严重缺陷,严重缺陷主要是指影响结构或安装的缺陷,

7.3.6 对墙体的尺寸偏差和检验方法进行了规定。

7.3.8 预制墙体检验合格后,应在墙体构件上设置标识。

Ⅲ 运输与堆放

7.3.9~7.3.10 墙体的运输和堆放应制定方案,考虑重点控制环节,节省人力、物力,并保证预制墙片运输的质量和安全要求。墙体的运输应结合运输路线,考虑运输墙片的固定要求、保护措施。防止墙片间的碰撞、倾倒及角部、底部等位置的损坏。

7.4 施　工

Ⅰ　一般规定

7.4.1　预制墙体的施工应制定专项施工方案，施工方案结合墙体的吊装、安装定位及节点施工方案，及临时固定和支撑措施策划和制定。

7.4.3　墙体吊装的吊具选用要充分结合预制模卡砌块墙体的特点，并考虑采用多次反复使用的专用吊具。应按国家现行有关标准的规定进行设计、验算或试验检验。

7.4.4　墙体的安装与连接，要特别重视墙体的安装顺序、定位和临时固定措施，在连接部位的混凝土及灌浆料的强度达到设计要求前，不得拆除临时固定措施。

7.4.6　墙体的施工过程中应采取安全措施，其措施符合国家相关标准的规定。

Ⅱ　施工准备

7.4.8　施工前要对场地和运输通道情况进行规划，保障通道的顺畅和吊装的可工作范围。

7.4.9～7.4.10　墙体在吊装前应对预制墙的质量、环境、吊具的安全性等问题逐一进行确认。

Ⅲ　安装和连接

7.4.12　预制墙的吊装过程要从吊点设置、起吊速度和起吊就位等方面控制，确保吊装过程的安全。

7.4.13　预制墙在结构现浇部分未达到设计强度之前，其稳定性特别重要，预制墙通过临时支撑的可靠性来保证墙体的安全。临时支撑须在混凝土结构达到后续施工承载要求后才能拆除。

7.5 验　收

Ⅰ 一般规定

7.5.2 预制墙体构件的饰面应保证和基层的连接质量。

7.5.3 预制墙体工程验收应提交主要资料和记录，以保证工程质量的可追溯性。

Ⅱ 进场验收

主控项目

7.5.4 预制墙进场时应检查出厂合格证和质量证明文件。

7.5.5 预制墙体构件尺寸允许偏差会影响结构外观，故须对尺寸允许偏差进行检查。

7.5.6 预制墙上的预埋件、预留插筋、预埋管线等应进行检查。

7.5.8 预制墙表面面砖饰面与砌块的粘接性能应符合设计要求和国家现行有关标准的规定。

一般项目

7.5.9 预制墙出厂应对墙体进行明确标识，标识应包括工程名称、产品名称、型号、编号、生产日期、生产单位和合格章等信息。

7.5.10～7.5.11 预制墙的外观质量和尺寸偏差都应满足设计要求。

Ⅱ 安装和连接

主控项目

7.5.12 预制墙的临时固定措施对墙体安装就位后,混凝土框架柱或构造柱等未达到强度之前的墙体稳定性特别重要,应符合施工方案的要求。

7.5.13 预制墙采用现浇混凝土连接时,连接处后浇混凝土的强度会影响结构的安全。

7.5.14 装配式墙体施工后,其外观质量不应有影响结构性能和安装、使用功能的尺寸偏差的严重缺陷。

7.5.15～7.5.16 预制墙底部坐浆强度、拉结钢筋的规格、尺寸、数量及位置直接影响墙体连接的可靠性。

一般项目

7.5.17～7.5.18 装配式墙体施工,对其外观质量、预制构件位置、尺寸偏差有一定要求。

7.5.19 外墙接缝、预留孔洞封堵处的防水性能进行检验。检验方法按现行国家标准《建筑幕墙》GB/T 21086 进行。

附录C 配筋模卡砌块

C.1 材 料

C.1.1 本条所规定的配筋模卡砌块分为配筋保温模卡砌块和配筋模卡砌块，是以砌块28d的抗压强度确定，强度等级分为MU20,MU15,MU10三种，具体的试验方法见上海市地方标准《混凝土模卡砌块技术要求》DB31/T 962附录C。

C.1.2 灌孔混凝土的流动性要好，骨料最大粒径应不大于16mm，混凝土的坍落度宜控制在230mm～250mm，强度等级需与砌块强度相匹配。

C.1.3 钢筋的采用满足现行国家标准《混凝土结构设计规范》GB 50010的相关规定。

C.2 砌体的计算指标

C.2.1 配筋模卡砌块灌筑混凝土后，要确保竖向和水平向孔洞密实，配筋保温模卡砌块主要是指受力块体范围(厚度215mm)内的强度，不计外侧附加部分的毛截面面积计算。根据同济大学和上海市建科院对MU15.0灌筑Cb35,Cb30,Cb25和MU10.0灌筑Cb30,Cb25的砌体强度进行试验，测试值计算出的砌体设计值均比本标准表C.2.1的取值高出25%以上，考虑到实验数据还不够充分及工程经验的不足，偏保守考虑。

C.2.2 灌孔混凝土模卡砌体抗剪强度设计值，符合现行国家标准《砌体结构设计规范》GB 5003的计算公式 $f_{gv}=0.2f_g^{0.55}$ 。根据同济大学试验结果表明，模卡砌块砌体的抗剪强度远高于此公式取值，但考虑到试验数据的有限性，偏保守按国家标准取值。

C.2.3 灌孔混凝土砌体的弹性模量经大量试验证明符合公式 $E=2000f_{g}$。根据同济大学试验结果，表明弹性模量基本符合此公式。

C.2.7 配筋混凝土保温模卡砌块墙体的传热系数根据试验数据获得，当实际砌块的尺寸与主块型不同时，应通过试验确定。

C.3 设计基本规定

C.3.1～C.3.3 根据同济大学试验研究结果分析，配筋模卡砌块砌体计算假定和钢筋混凝土相似，符合平截面假定。试验结果如下：

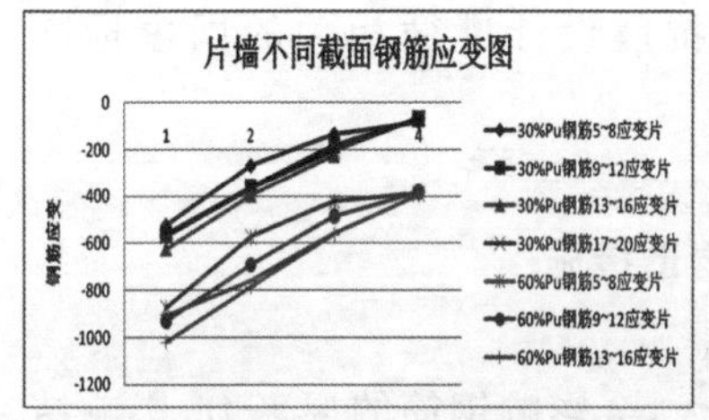

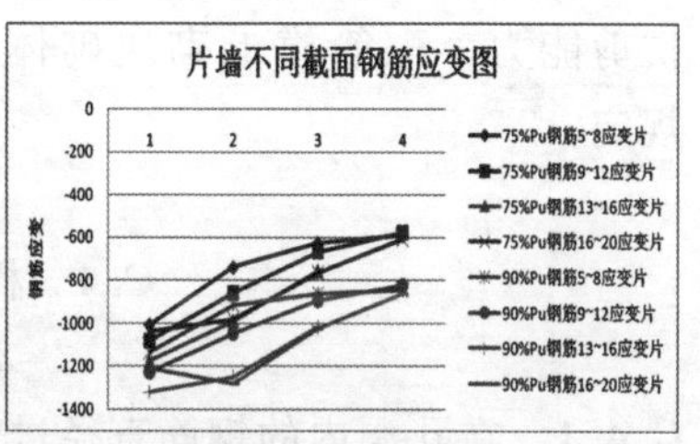

试验过程记录了墙片试件两端的四个位移计的位移读数，将每端两个位移计的读数取平均值，分别画出在极限荷载 30%，60%，75%和 90%的荷载作用下，距墙顶部和底部 2 皮～3 皮砌块之间灰缝处钢筋的应变。钢筋应变沿墙片的变化趋势，与墙片试件本身的位移变化趋势相同。截面在达到极限荷载之前，基本遵循平截面假定。

根据同济大学试验结果分析，配筋模卡砌块的受剪承载力主要与以下因素有关：①竖向荷载对抗剪性能的影响，墙片在竖向和水平荷载作用下，当竖向荷载在一定范围内增大，墙体的主拉应力值会降低，这样可以延迟裂缝的产生。但竖向压力超过一定范围，会转为斜压破坏，反而使抗剪能力下降。②高宽比对抗剪强度的影响。墙片的高宽比 λ 对抗剪强度有很大的影响。提高墙片的高宽比会增加墙片所承受的弯矩,片墙的抗剪强度会逐渐减小。高宽比从小到大逐渐增加时,墙片会由剪切破坏逐步转化为弯曲破坏。③砌体受压强度的影响。砌体的强度是由砌块和灌筑混凝土的强度共同决定的。片墙的抗剪强度与灌筑砌体的抗压强度基本上呈正比,砌体强度较高时,其抗剪承载能力也相应地增加。④水平钢筋的配筋率。配筋混凝土模卡砌块片墙是将水平钢筋放在模卡砌块的水平凹槽中,在试验中通过水平钢筋上的应变片的应变值可以看出,在墙片开裂以后,灌筑砌体的抗剪能力削弱,穿过斜裂缝的水平钢筋直接参与受拉承担剪力,在墙片开裂以后穿过斜裂缝的水平钢筋一般都能进入屈服阶段,使钢筋能有效地参与共同工作。水平钢筋的配筋率直接影响墙片抗剪能力。配筋模卡砌块砌体抗震设计遵循相关的国家标准规定。

C.4 构造措施

C.4.1 在孔洞内的钢筋直径过大,会影响钢筋的握裹力,影响结构的延性。配筋混凝土模卡砌块在砌块构造上考虑了设置箍筋的位置。试验表明,箍筋对砌体的约束作用,提高了墙体的延性。

C.4.2 配筋模卡砌块砌体内的竖向钢筋无法绑扎搭接,因此搭接长度比普通混凝土墙体中的钢筋搭接长度要求更高一些。

C.4.3 配筋模卡砌块剪力墙结构中,在端部设置边缘构件集中配筋,对提高墙体的强度和延性等方面作用明显。本条规定了边缘构件的设置原则及配筋要求。

C.4.4 配筋模卡砌块砌体抗震墙,对墙体的轴压比进行限制,有效保证结构的延性。

C.4.5 应控制配筋砌体剪力墙平面外的弯矩,特别是控制保温配筋模卡砌块墙体出现对保温一侧的平面外偏心受压。

C.4.8 配筋混凝土保温模卡砌块剪力墙厚度为砌块受力块体的宽度,外挂保温部分不计入墙体的受力计算厚度范围。

C.4.9 圈梁可以有效增强砌体结构的整体性,处理好圈梁和砌块的结合面,有效增强结构的整体性。

C.4.10 配筋混凝土保温模卡砌块外墙的圈梁是墙体的冷桥部位,需附加措施,附加保温层与砌块的连接部位易开裂,做好界面防裂措施。

C.5 施工要点

C.5.1 为保证墙体的整体性和保温性能,在施工过程中,做到砌块的竖向、水平向孔洞对齐,并严格把控插入的保温板,要保证上下砌块之间完全衔接情况。

C.5.2 由于受到砌块加工精度的制约,在砌筑一定高度需要调平时,可采用砂浆进行调平,以调整墙体高度的偏差。

C.5.3 配筋混凝土模卡砌块墙体内的水平钢筋能有效提高墙体的抗剪能力,将其设置在砌块水平凹槽内有效固定,避开砌块内插保温板。

C.5.4 配筋混凝土模卡砌块墙体内的箍筋置于砌块下部卡口的凹槽内。

C.5.5 灌孔混凝土内的纵向钢筋的握裹力是钢筋、混凝土和砌块共同作用保证,孔内一般设置1根钢筋,2根钢筋时搭接位置错开。

C.5.7 为保证灌孔混凝土的整体性,灌孔混凝土应连续浇筑,振捣密实。由于砌块内竖向、水平孔贯通,通过大量试验证明,逐孔振捣大孔,可做到墙体密实。

C.5.8 在进行砌块排块时,水、电等管线的敷设应与土建施工进度密切配合,做好预留或预埋。在遇到设计变更或是施工遗漏等情况下,也可用切割机开槽。

C.6 验 收

Ⅰ 一般规定

C.6.1 对配筋混凝土模卡砌块砌体工程,灌孔混凝土的强度、坍落度、灌孔的密实性对砌体剪力墙的质量至关重要,本条所列的文件和资料与本标准第6.1节的相关规定,反映了小砌块砌体施工的全过程,是第一手原始资料,也是正确评价工程质量的可靠依据。

C.6.2 配筋混凝土模卡砌块墙体应进行结构实体检验,对灌孔混凝土的强度和密实性进行检验。

Ⅱ 主控项目

C.6.5 配筋混凝土模卡砌块的配筋必须按施工图布置,施工不得擅自修改。

C.6.7 灌孔混凝土的强度等级是墙体整体受力性能的重要保证,必须合格。

Ⅲ 一般项目

C.6.8 配筋模卡砌块砌体中的受力钢筋应避免与砌块直接接触,影响钢筋与混凝土间的粘结力。